面向21世纪高等院校规划教材

工程制图基础习题集（第三版）

主　编　任昭蓉　李　军
主　审　李　波

上 海 科 学 技 术 出 版 社

内容提要

本习题集与李波老师主编的《工程制图基础(第三版)》教材配套使用。习题的编写顺序、适用对象与教材相同。考虑到各专业的学时和要求不同,习题的内容除了投影理论基础部分和机件的表达方法外,还包含了识读和绘制专业性强的机械、电气、建筑和化工工程图。本习题集内容覆盖面广,题量适中,难易并存,方便学生和教师取舍及因材施教。

本习题集配置大量数字化资源,通过在线扫读书中的二维码,可从多个视角动画展示三维模型,形象、生动、有趣,与主教材相辅相成、相得益彰,为读者提供切实有效的学习引导和参考。

图书在版编目(CIP)数据

工程制图基础习题集 / 任昭蓉,李军主编. -- 3版. -- 上海 : 上海科学技术出版社, 2020.6(2024.8 重印)
面向21世纪高等院校规划教材
ISBN 978-7-5478-4893-7

Ⅰ. ①工… Ⅱ. ①任… ②李… Ⅲ. ①工程制图一高等学校一习题集 Ⅳ. ①TB23-44

中国版本图书馆CIP数据核字(2020)第062354号

工程制图基础习题集(第三版)

主 编 任昭蓉 李 军

上海世纪出版(集团)有限公司
上 海 科 学 技 术 出 版 社 出版、发行
(上海市闵行区号景路 159 弄 A 座 9F–10F 邮政编码 201101 www.sstp.cn)
浙江新华印刷技术有限公司印刷
开本 787×1092 1/16 印张 14.5
字数 150 千字
2010 年 8 月第 1 版
2020 年 6 月第 3 版 2024 年 8 月第 15 次印刷
ISBN 978-7-5478-4893-7 / TH · 87
定价: 37.00元

前　　言

本习题集的编写依据是教育部高等学校工程图学教学指导委员会制定的《普通高等院校工程图学课程教学基本要求》，符合现行的《技术制图》和《机械制图》等国家标准。习题集与上海科学技术出版社出版的《工程制图基础（第三版）》教材配套使用，在选题和顺序编排上与教材保持一致。

制图课是实践性很强的技术基础课。在本习题集编写过程中，为培养学生形象思维与逻辑思维相结合的图学能力，使学生完成本书习题后具备良好的图学素养，作者总结了多年的教学经验及行业教学改革成果，参考了同类型习题集，特别配置大量数字化资源，通过在线扫读书中的二维码，可从多个视角动画展示三维模型，形象、生动、有趣，与主教材相辅相成、相得益彰。

本习题集结合非机械类专业学时少、专业杂的工程制图教学特点，选题力求少而精、适应专业广。通过练习，可使学生熟练掌握正投影方法，培养学生的空间思维能力，以及对空间几何要素的图示和图解能力；工程制图部分内容的编排旨在完成由正投影原理到工程图样的过渡，为此编入大量"补视图"的练习，以提高学生对图形的阅读和表达能力；学生通过识读和绘制相关专业的工程图练习，可熟练掌握国家标准。全书练习题难易并存，题量适中，供教学中适当选择。

本习题集末编入图幅大、图量多的房屋建筑图、电气工程图和化工工程图等，对这类"大作业"，教学中可自行灵活选取。

本习题集由广东海洋大学任昭蓉副教授统稿并担任第一主编，参加编写的还有李军、黄思庆等。

衷心感谢主审李波老师，为本习题集提出了许多宝贵的建议。同时感谢关心和帮助本习题集出版的全体人员。

由于作者的水平有限，书中难免存在缺点和错误，希望读者指止。

作　者

目　　录

1-1　字体练习（用HB铅笔）。

工 程 制 图 校 对 审 核 比 例 姓 名 材 料 班 级 技 术 要 求 序 号

海 洋 铸 铁 螺 母 配 合 栓 钉 垫 圈 零 部 件 钻 孔 深 设 计 泵 体

A B C D E F G H I J K L M N O P Q R S T U V W X Y Z

a b c d e f g h i j k l m n o p q r s t u v w x y z

1 2 3 4 5 6 7 8 9 0

Ⅰ Ⅱ Ⅲ Ⅳ Ⅴ Ⅵ Ⅶ Ⅷ Ⅸ Ⅹ

　班级　姓名　学号

1-2 按照左图的形式,在图形右边空白处重画一次。

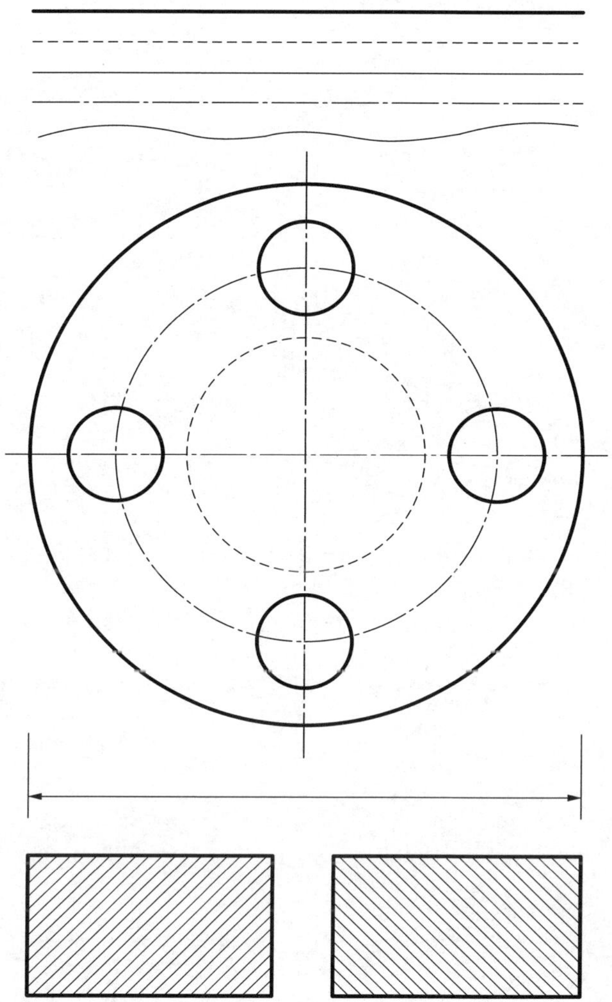

1-3　尺寸标注练习：填注下列图形中的尺寸,尺寸数值按1∶1从图上量,取整数。

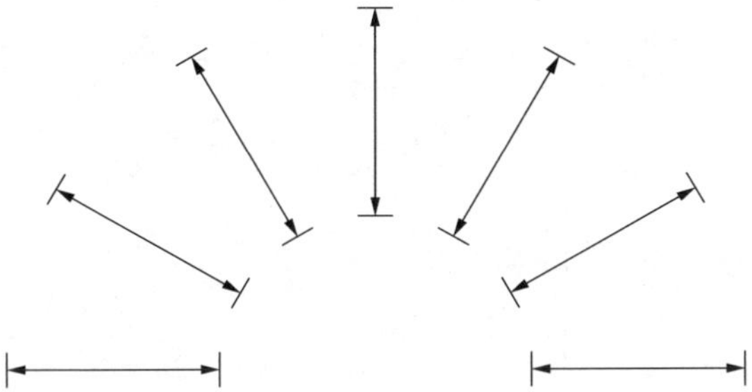

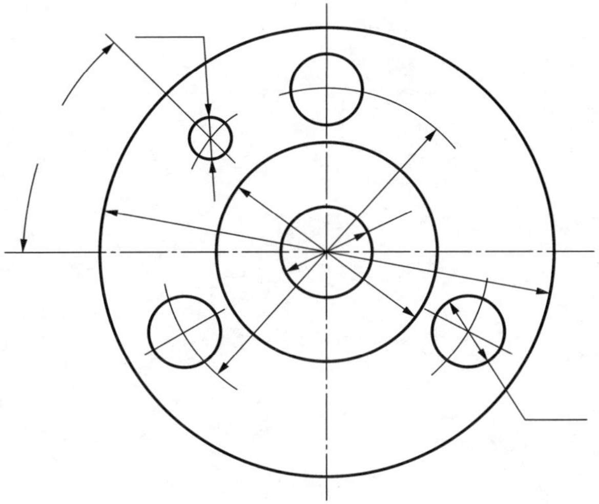

1-4　尺寸标注改错：圈出错误的尺寸标注,并在右边空白图上正确标注。

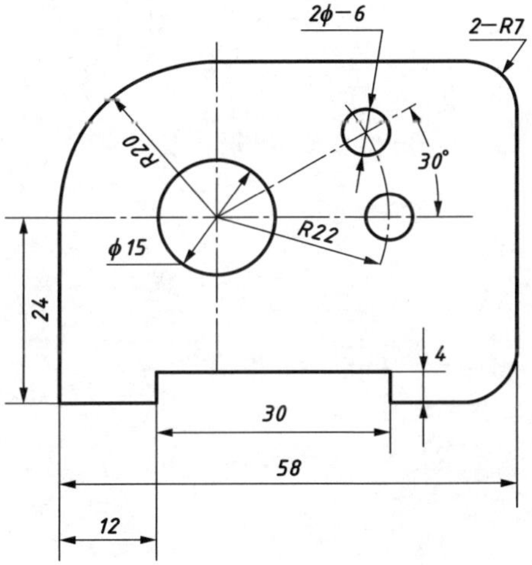

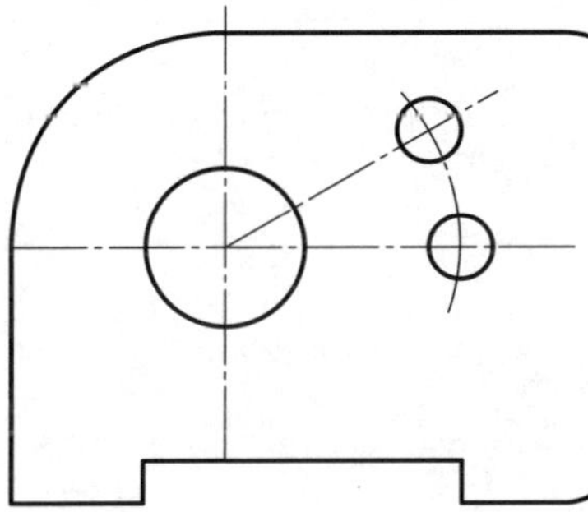

1-5　参照左图标注右图尺寸（尺寸数值按1∶1从图中量，取整数）。

(1)

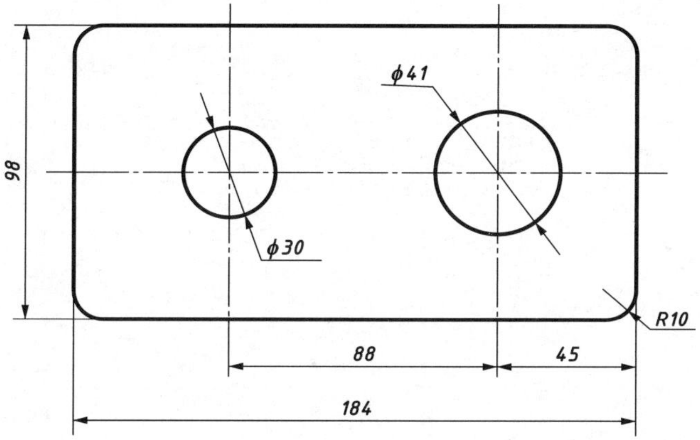

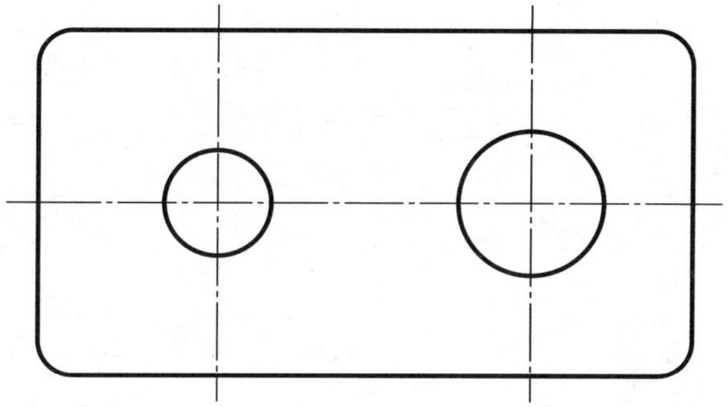

(2)

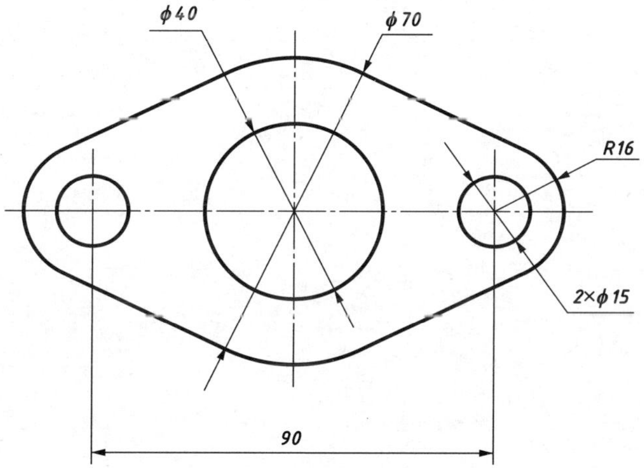

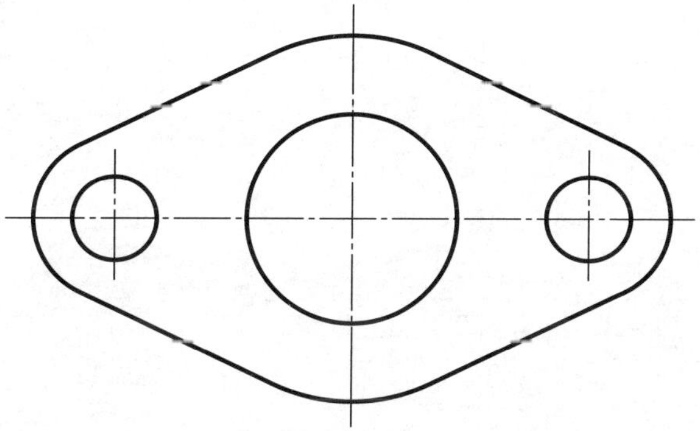

1-6　按1∶1的比例画下面的图形。

(1) 椭圆(四心圆法)。

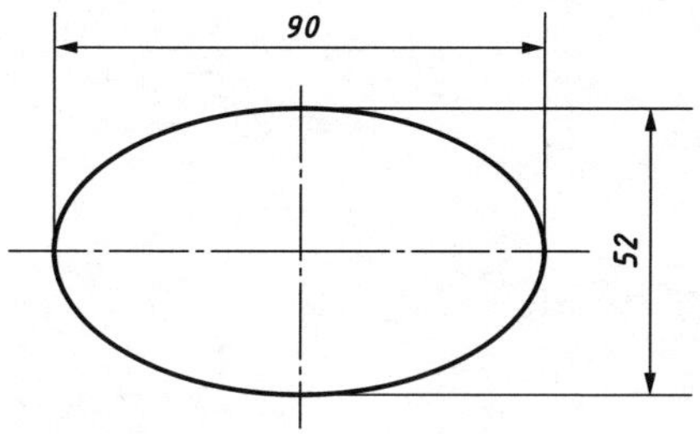

(2) 1∶8锥度。

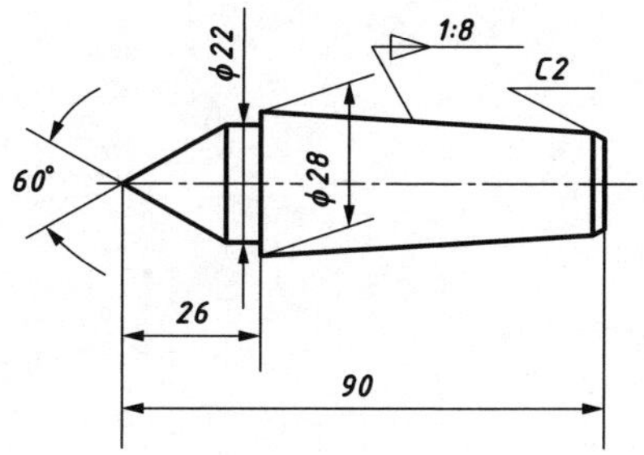

　班级　姓名　学号

1-7　在A3图纸上按1∶1比例画出吊钩的平面图形。

作业要求：

(1) 图形正确,布局合理,线型、尺寸符合国标,连接光滑,图面整洁,保留圆心求作轨迹。

(2) 图名为吊钩,图幅A3,比例1∶1。

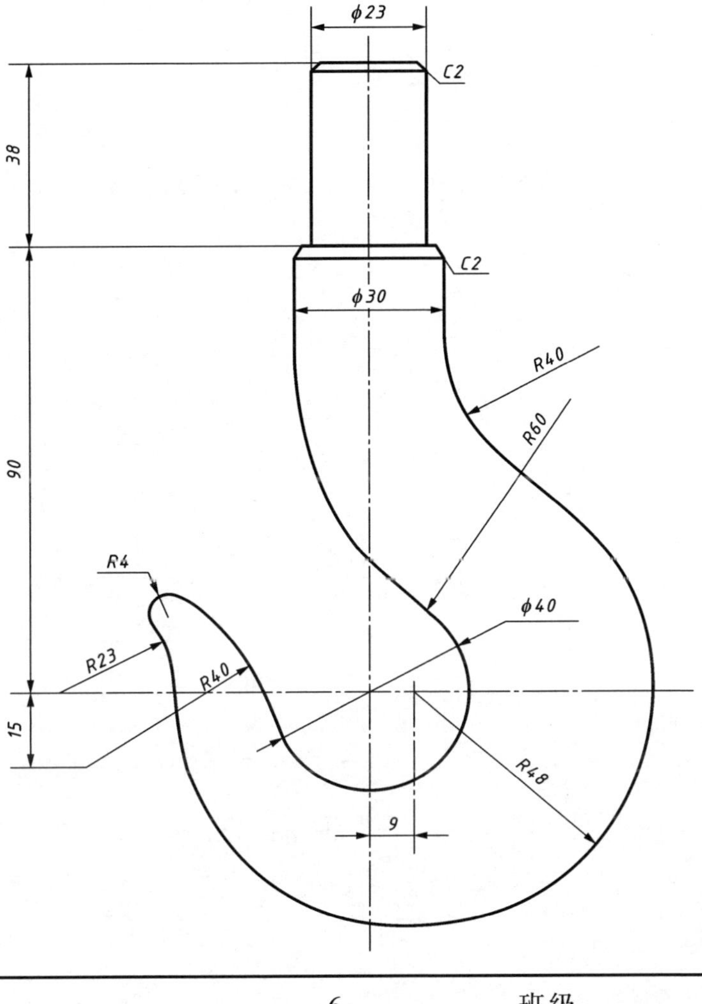

　班级　　姓名　　学号

2-1　参照点A、B的三面投影，标注C、D、E、F的三面投影。

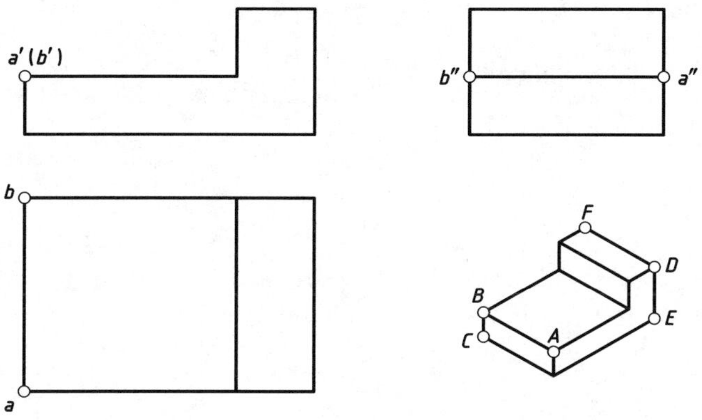

2-2　已知各点的两面投影，画出它们的第三投影和直观图。

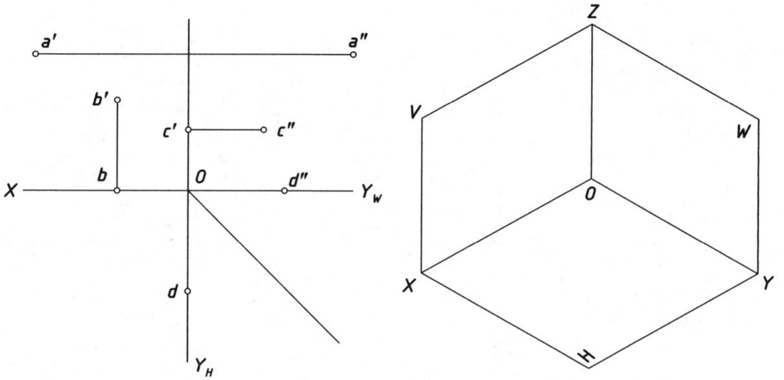

2-3　画出$A(10,35,15)$、$B(20,35,0)$、$C(30,0,25)$三点的三面投影图。

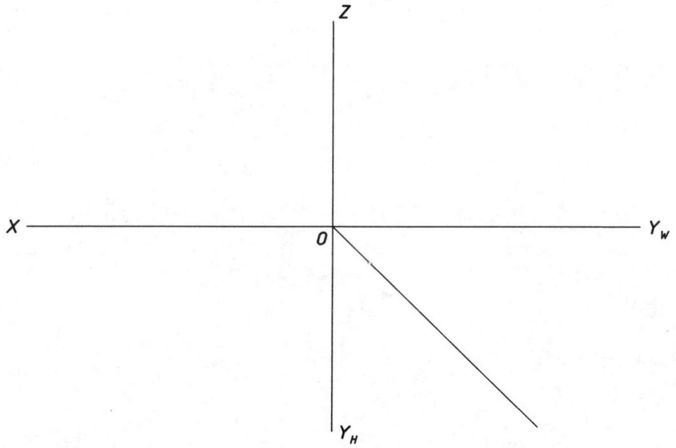

2-4　已知点B在点A的左方25 mm、前方10 mm、上方10 mm处；点C与点B同高，且点C的坐标$X=Y=Z$；点D在点C的正下方20 mm处。试画出各点的三面投影图。

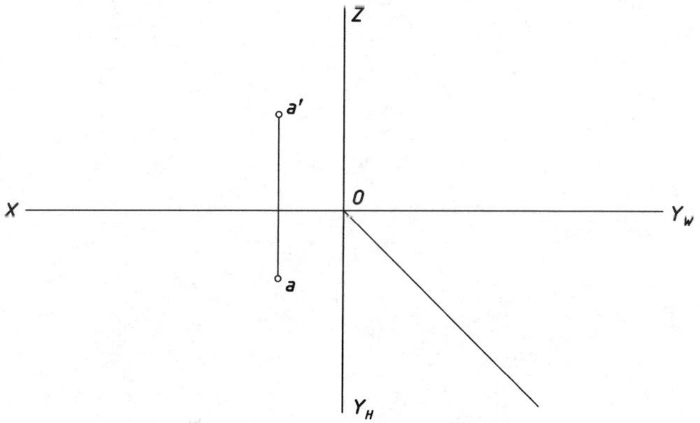

班级　　　　姓名　　　　学号

2-5　已知点A的两面投影，点B在点A的左方20 mm、前方15 mm、上方10 mm处，求线段AB的三面投影。

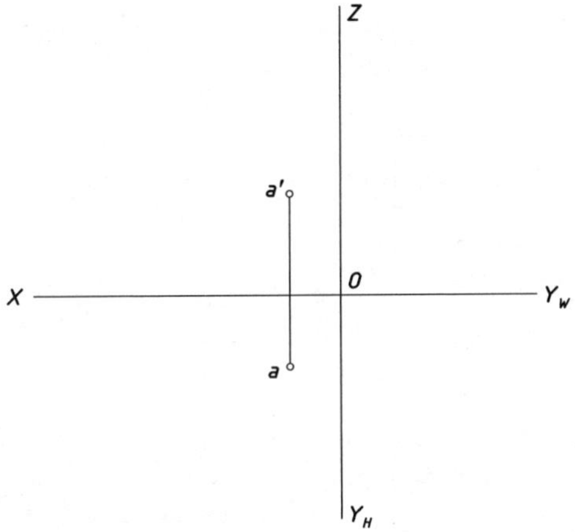

2-6　已知点A，作正平线AB的三面投影，使AB=20 mm，α=45°（点B在点A的右侧）。

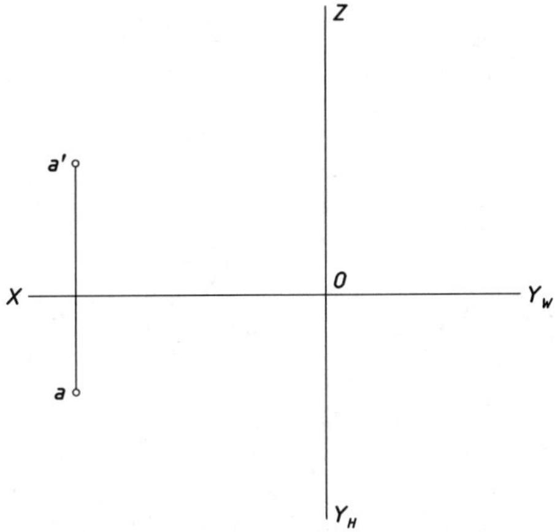

2-7　在投影图中标出直线或平面，并填空。

(1)

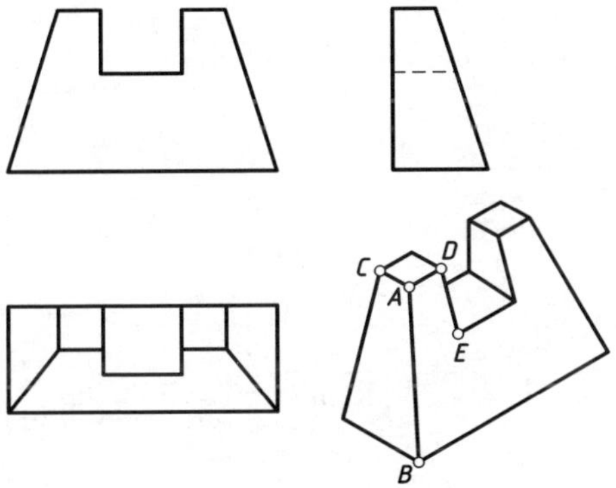

AB是__________线；DE是__________线
AC是__________线；AD是__________线

(2)

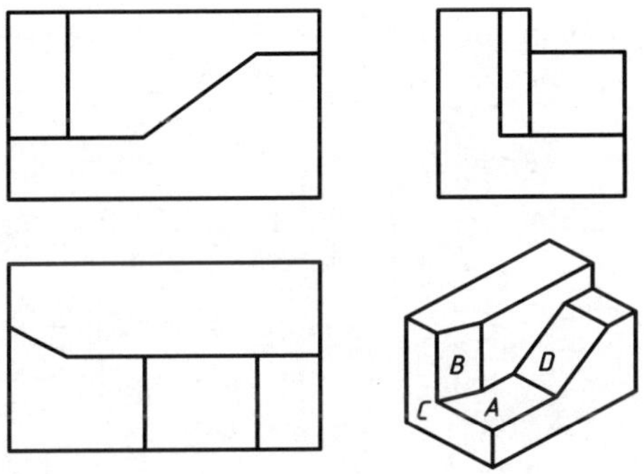

面A是__________面；面B是__________面
面C是__________面；面D是__________面

2-8　根据已知条件完成直线的三面投影。

(1) *CD*是一般位置直线，点*C*在*V*面前方22 mm，点*D*则属于*V*面。

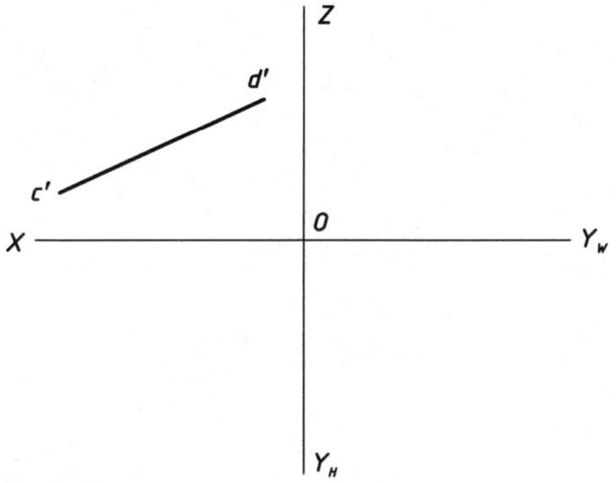

(2) 已知*K*点在线段*AB*上，*AK*=15 mm，求*K*点的两面投影。

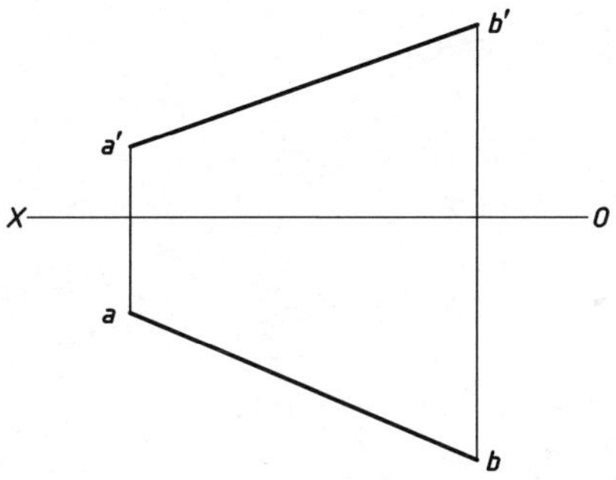

2-9　已知线段*AB*的两面投影，求*AB*的实长和对*H*面的倾角。

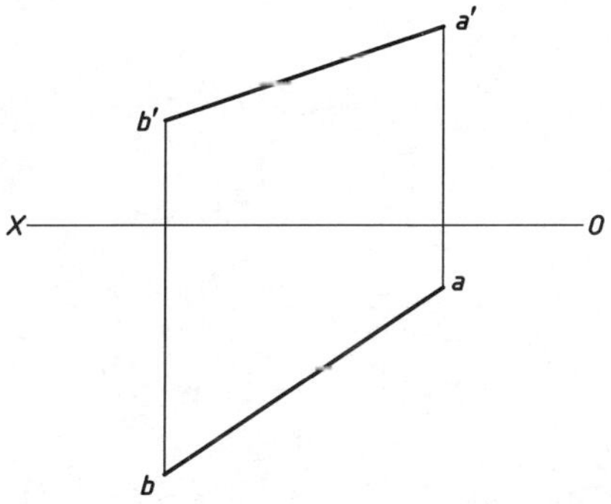

2-10　*AB*的实长为25 mm，*B*在*A*前方。完成线段*AB*的投影。

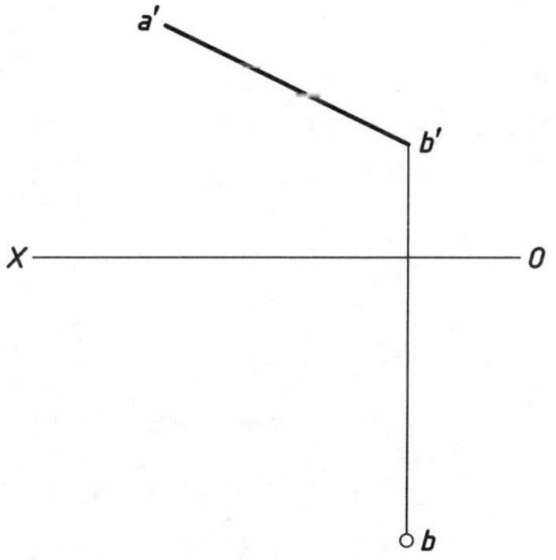

2-11　补全平面多边形的两面投影。

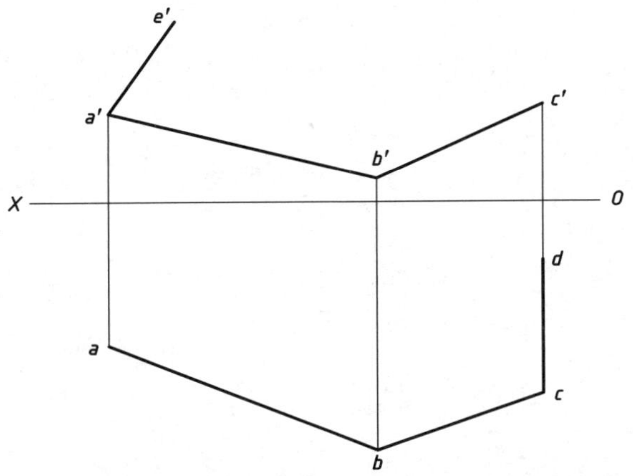

2-12　在相交两直线AB、BC所确定的平面内取一点K，使其距H面15 mm，距V面20 mm。

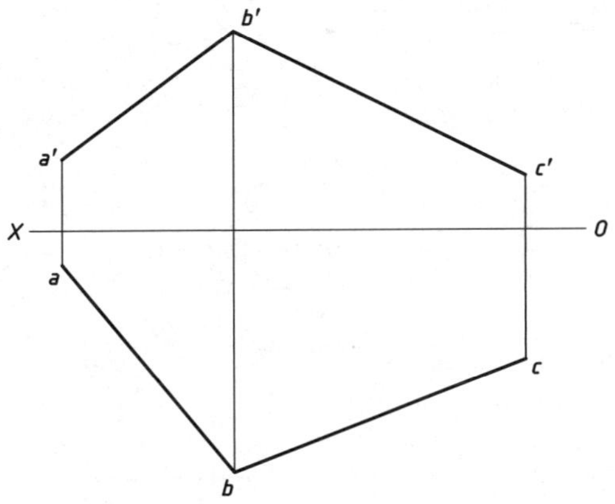

2-13　已知水平线AD属于平面ABC，求AD的两面投影。

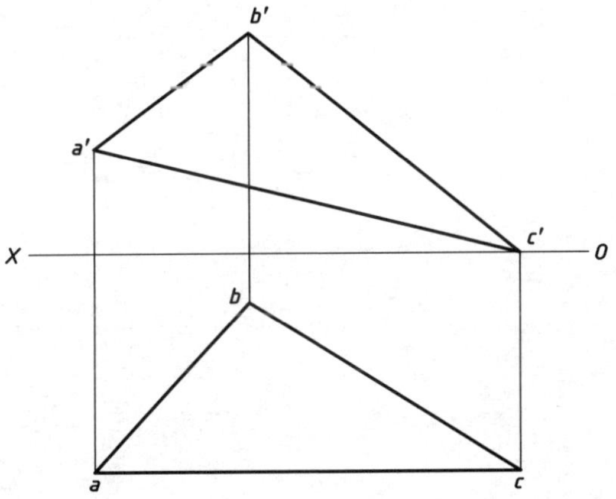

2-14　已知AB为平面P(EF∥GH)内的一条正平线，求a'b'。

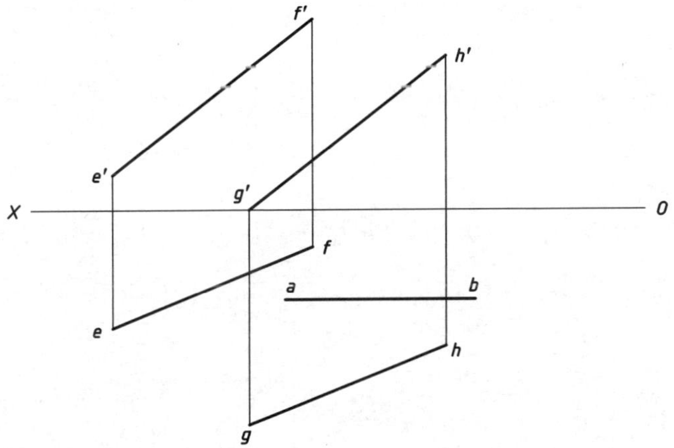

2-15 判别下列两直线的相对位置,将(平行、相交、交叉)填写在右下角的横线上。

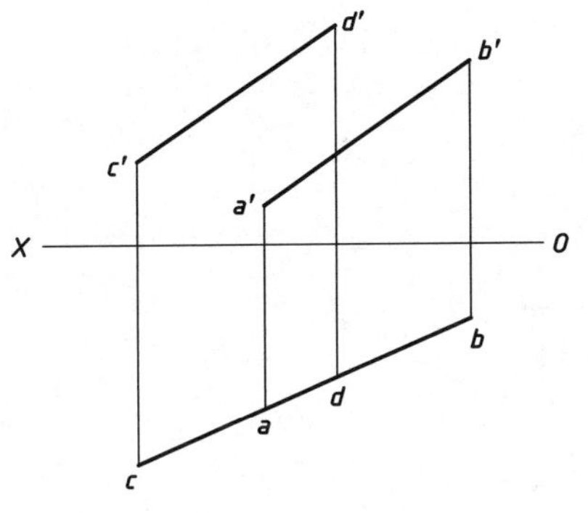

______

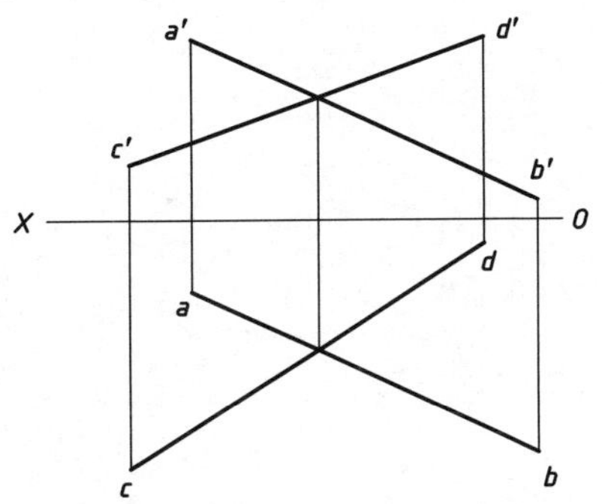

______

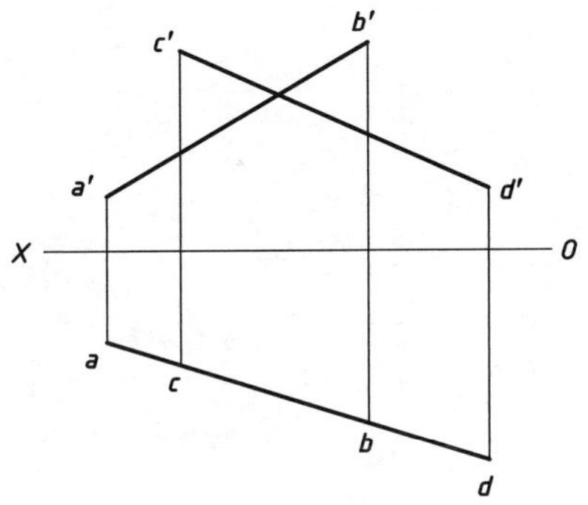

______

2-16 求出两直线的第三面投影,再判别其相对位置。交叉直线须判别重影点的可见性。

(1)

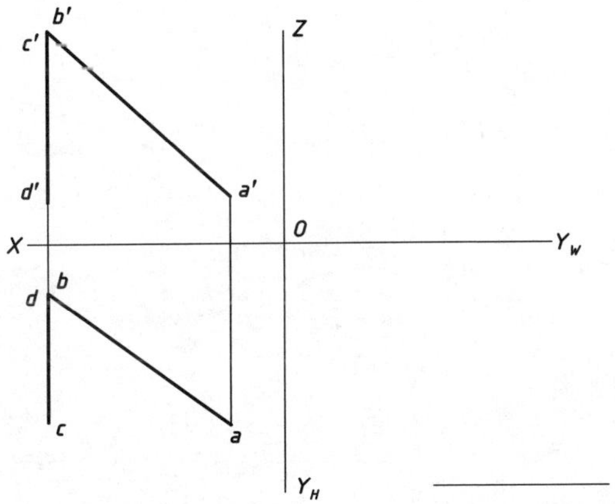

______

(2)

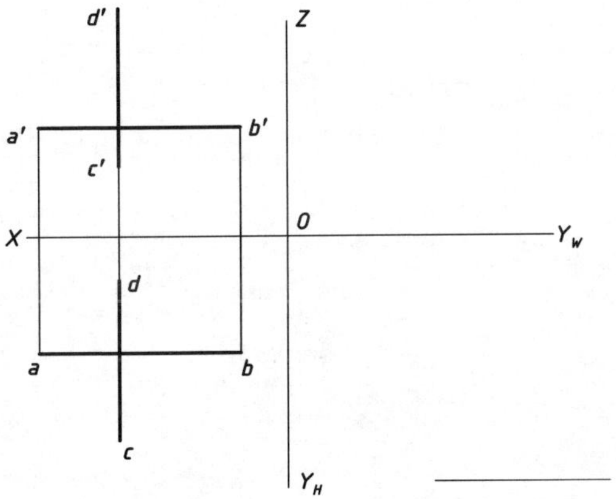

______

(3)

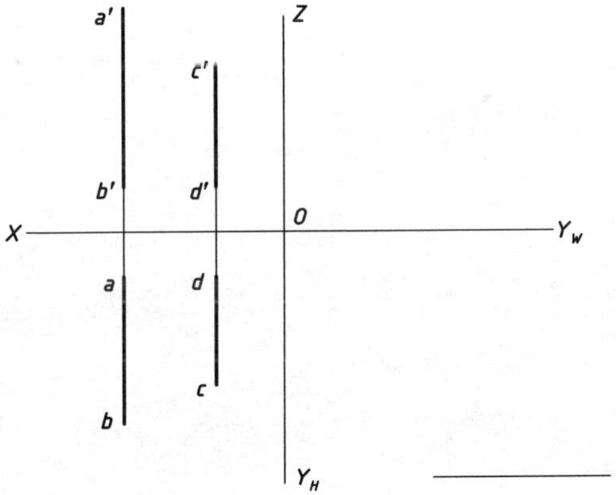

______

 班级 姓名 学号

2-17 作直线EF与已知直线AB、CD相交，EF为正平线且在V面前方15 mm。

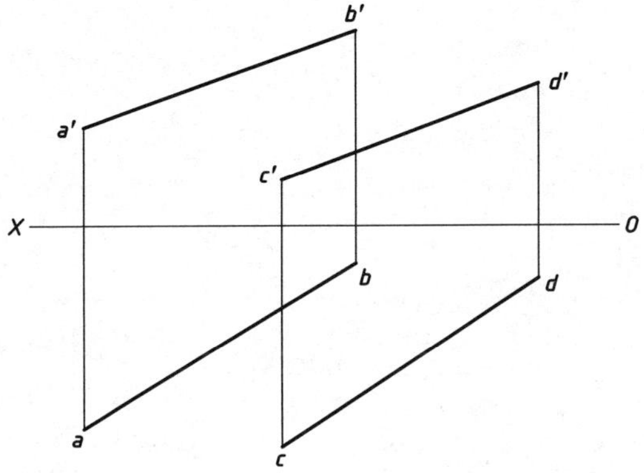

2-18 过点K作直线KL使其与直线CD垂直相交。

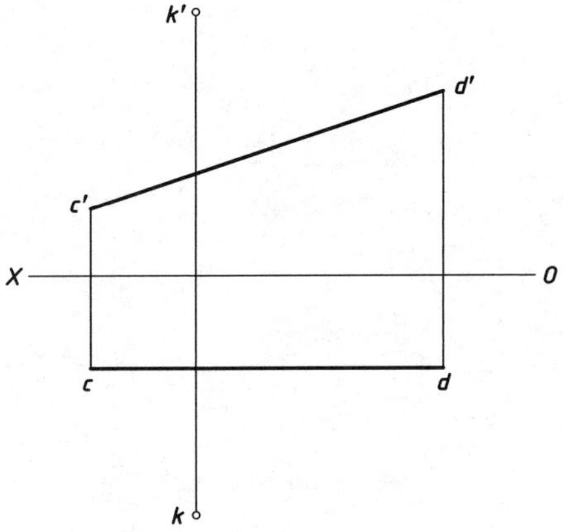

2-19 判别两直线是否垂直。

(1)

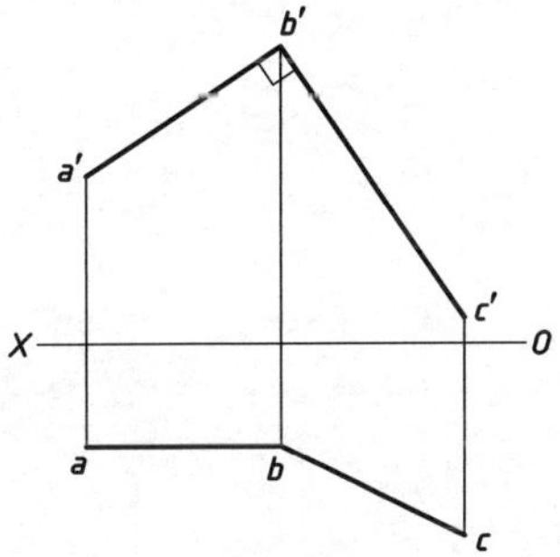

____

(2)

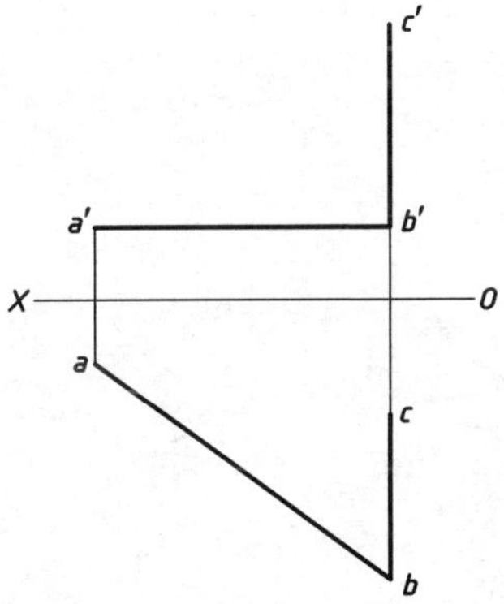

____

(3)

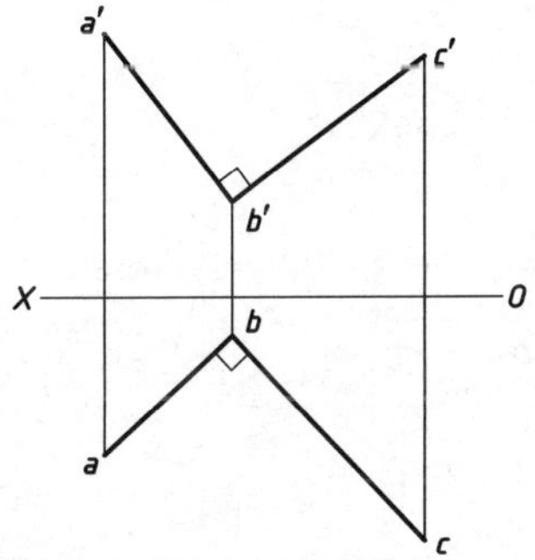

____

(4)

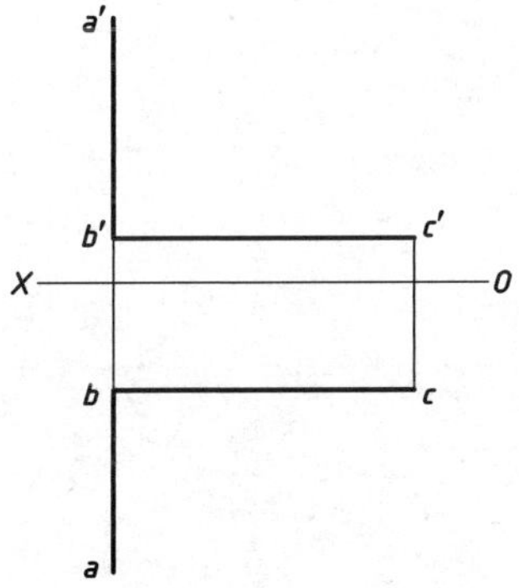

____

2-20　判别直线*AB*与平面是否平行。

(1)

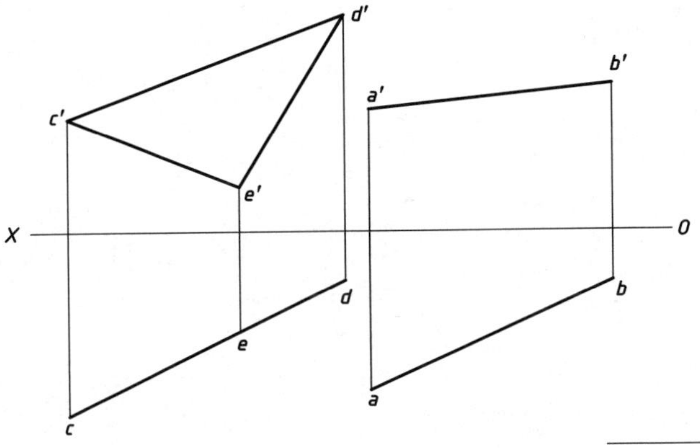

(2)

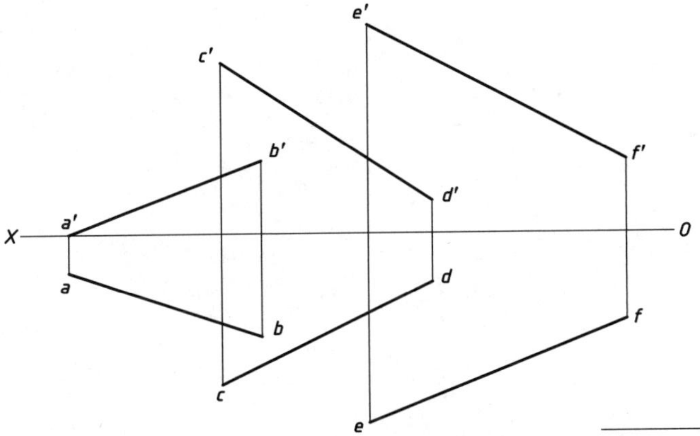

2-21　判别两平面是否平行。

(1)

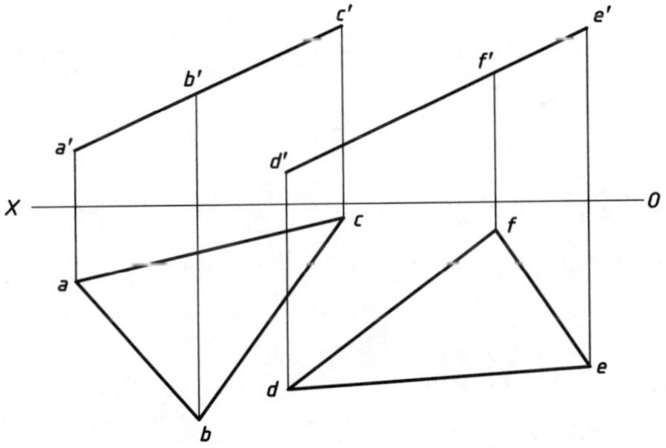

(2)

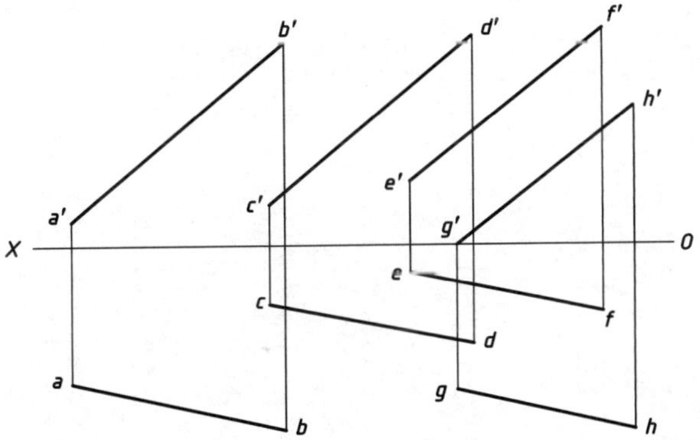

　班级　　　姓名　　　学号

2-22　过点K作直线KM平行于平面△ABC和H面。

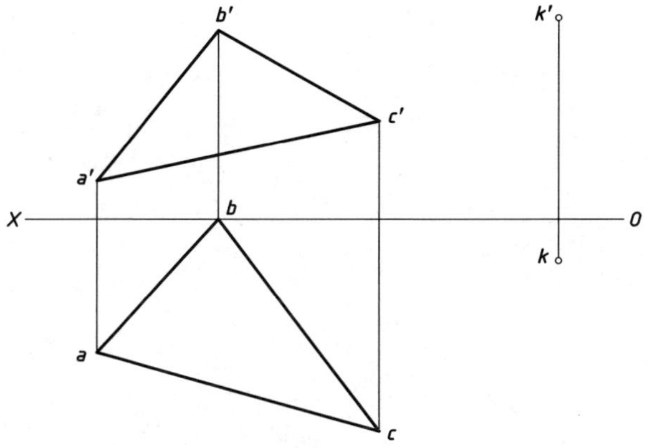

2-23　求作下列各题中直线EF与平面△ABC的交点K,并判别可见性。

(1)

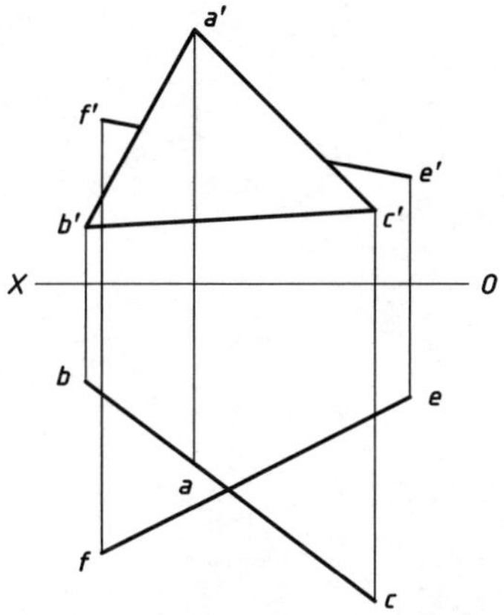

(2)

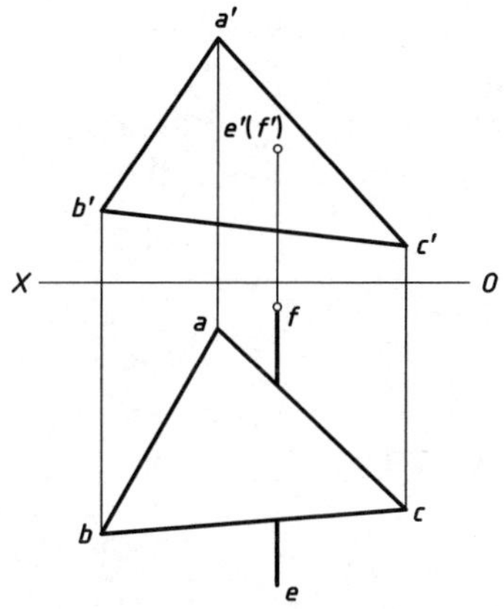

2-24　求作两正垂面的交线MN,并判别可见性。

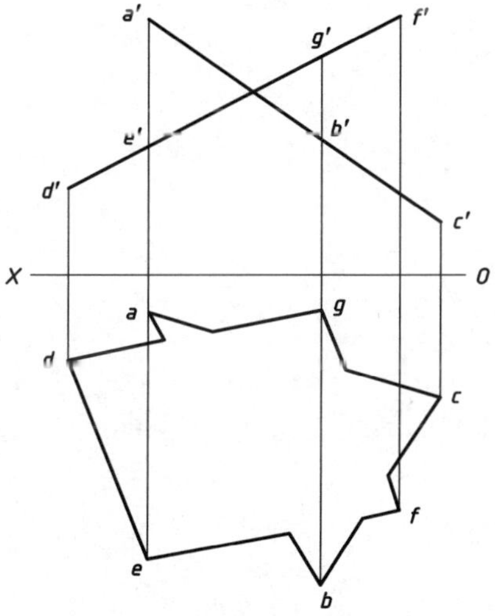

2-25　求作正垂面DEF和平面ABC的交线MN,并判别可见性。

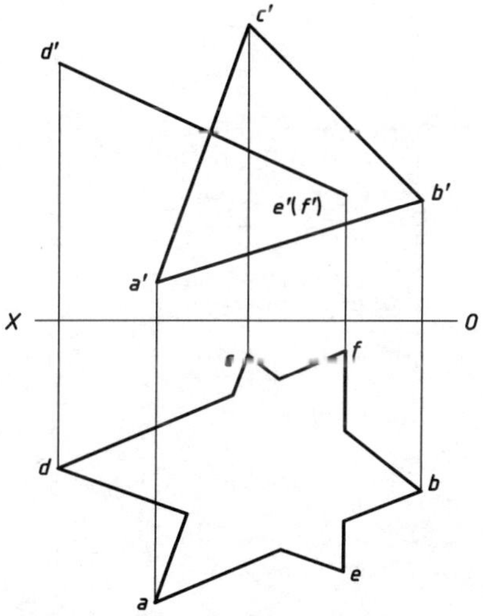

　班级　　姓名　　学号

2-26 求三棱锥表面上*A*、*B*、*C*的另两面投影。

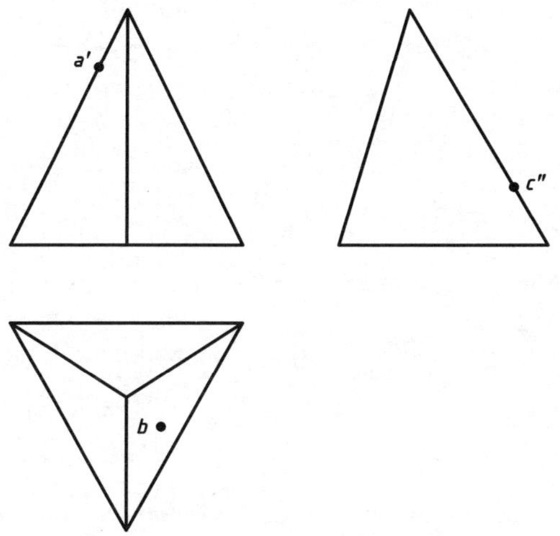

2-27 求圆柱体表面上*A*、*B*、*C*的另两面投影。

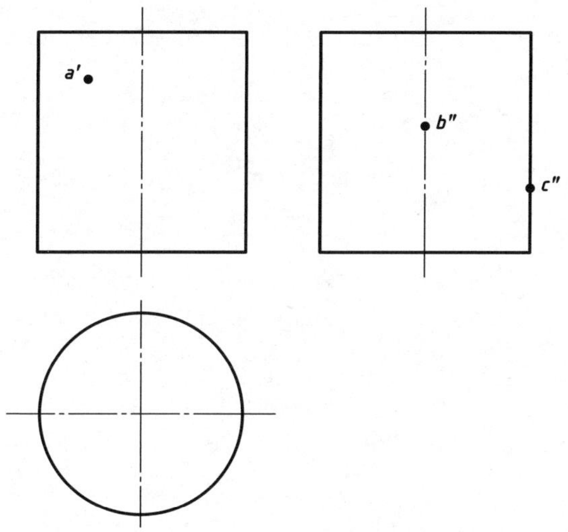

2-28 求圆锥体表面上*A*、*B*、*C*的另两面投影。

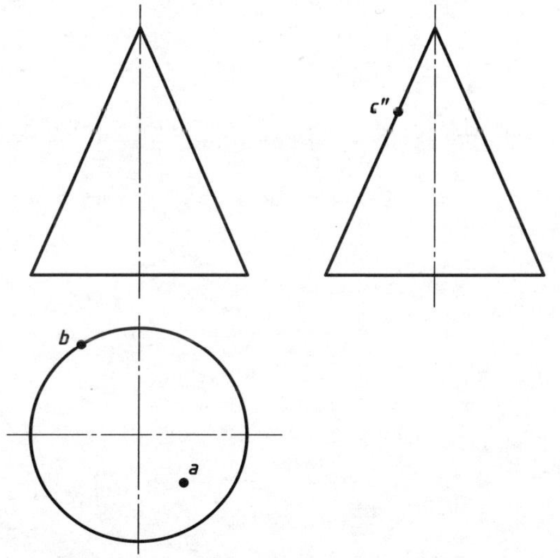

2-29 求圆球体表面上*A*、*B*、*C*的另两面投影。

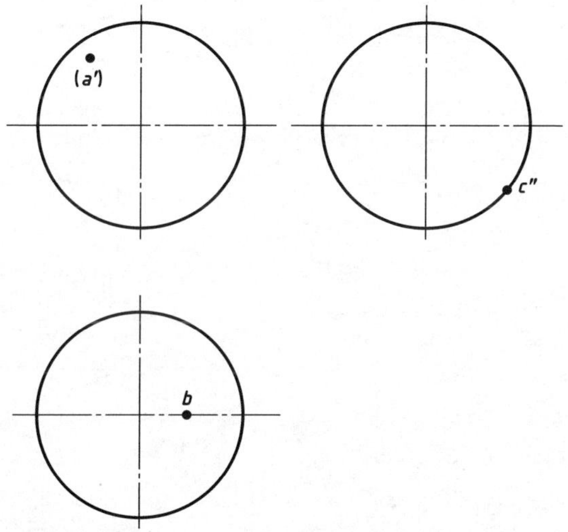

 班级 姓名 学号

2-30 根据截切的四棱柱的两面投影,求其侧面投影。

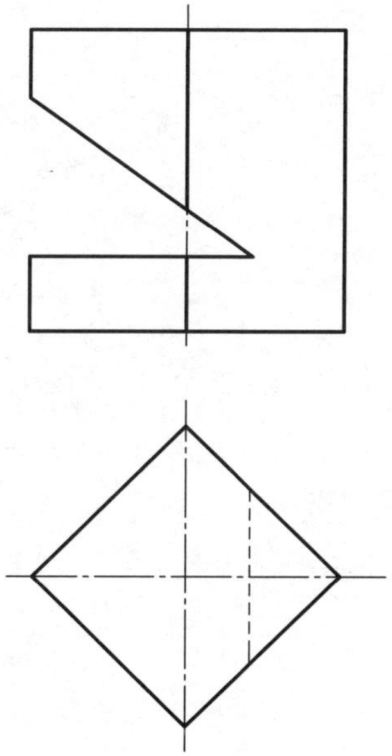

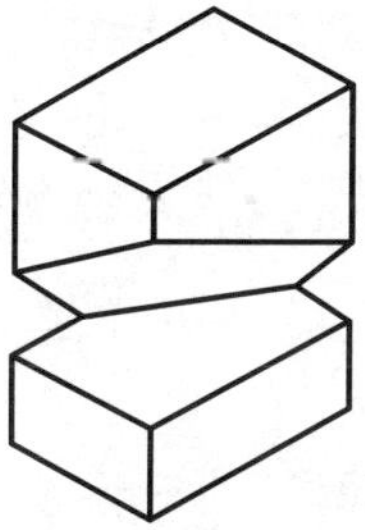

2-31 求三棱锥截切后的侧面投影,补全水平投影。

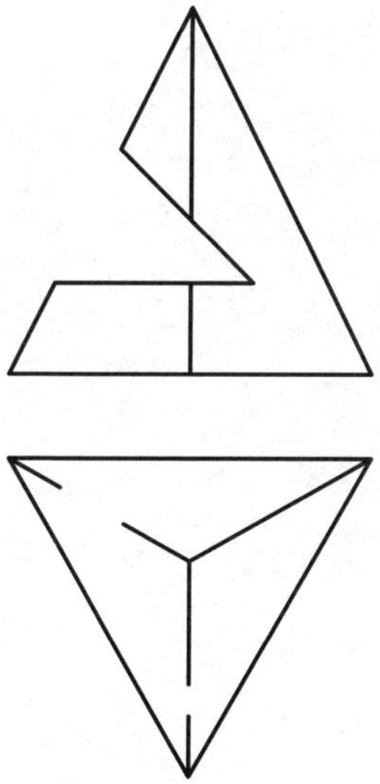

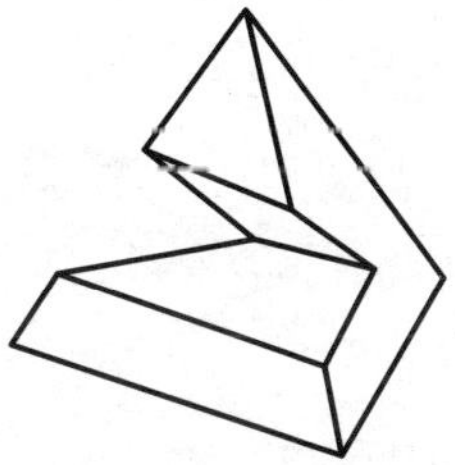

2-32　求立体的侧面投影。

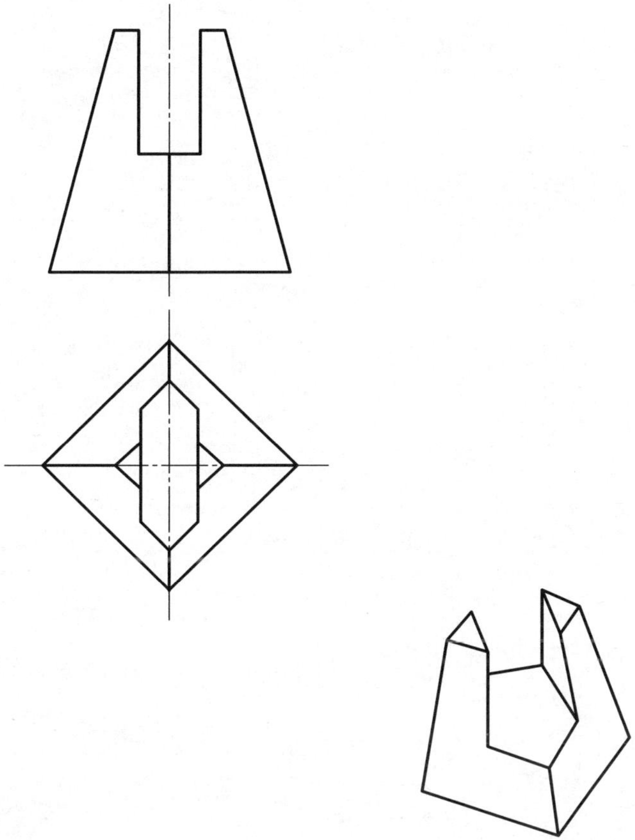

2-33　求立体截切后的水平投影。

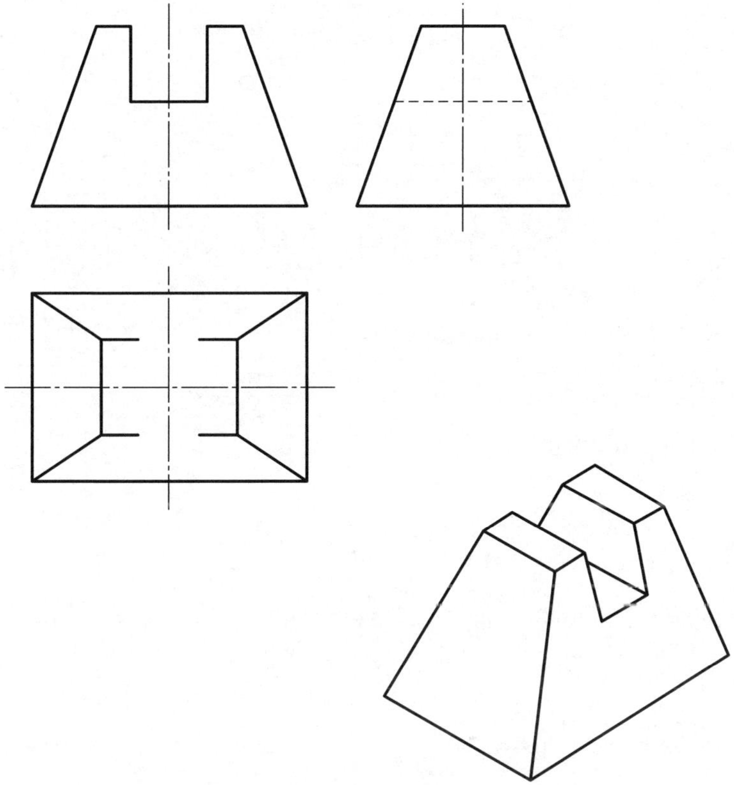

2-34　根据两视图，求圆柱体截切后的第三视图(一)。

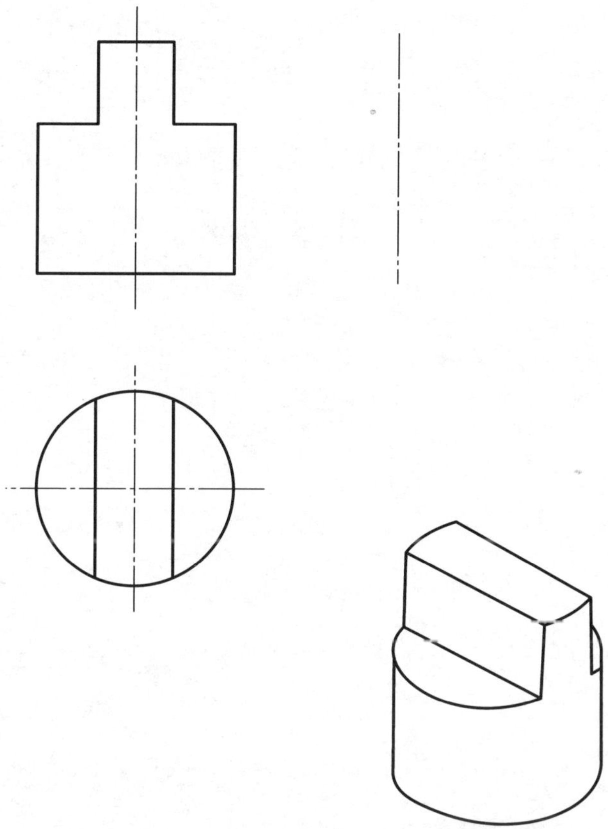

2-35　根据两视图，求圆柱体截切后的第三视图(二)。

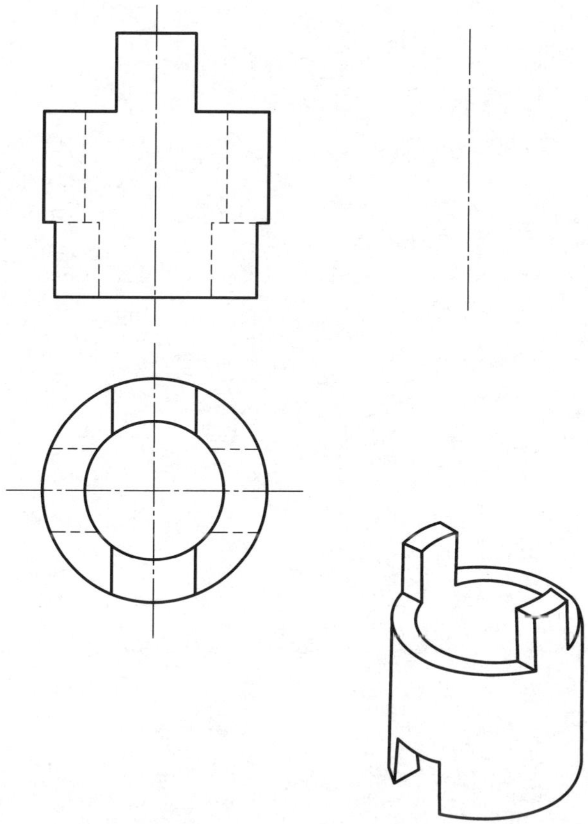

2-36 根据两视图,求圆柱体截切后的第三视图(三)。

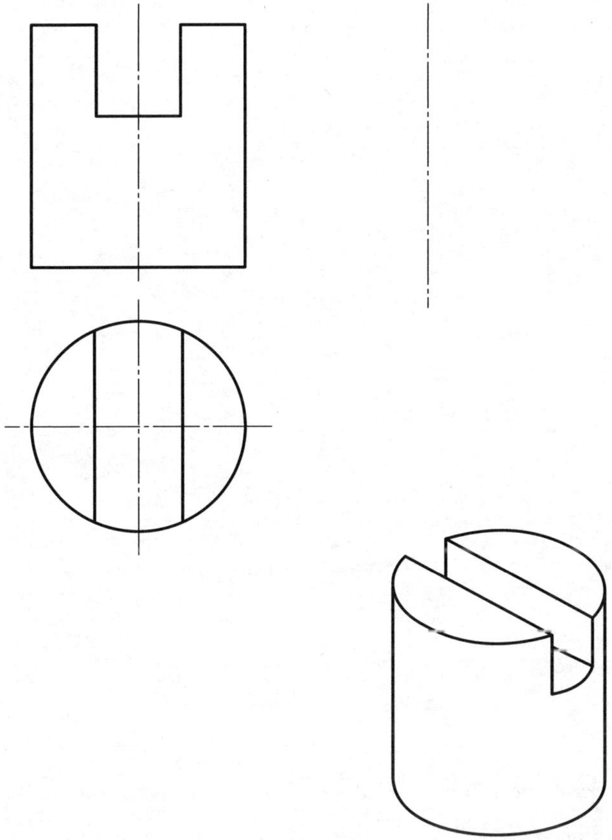

2-37 求圆柱体截切后的第三视图。

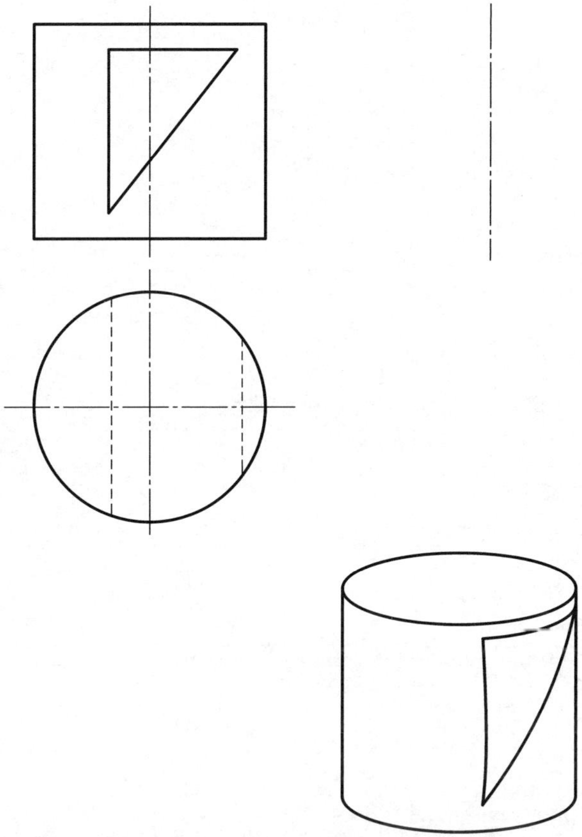

 班级 姓名 学号

2-38 求圆锥的截交线,完成其水平投影和侧面投影(一)。

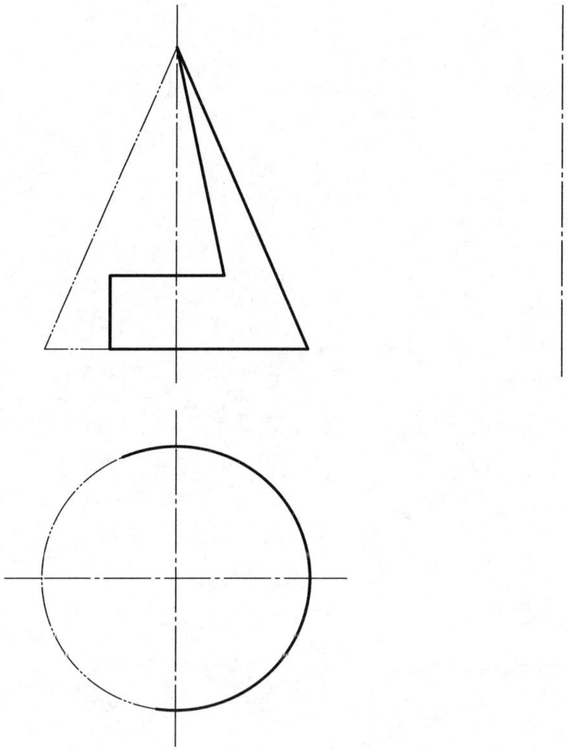

2-39 求圆锥的截交线,完成其侧面投影。

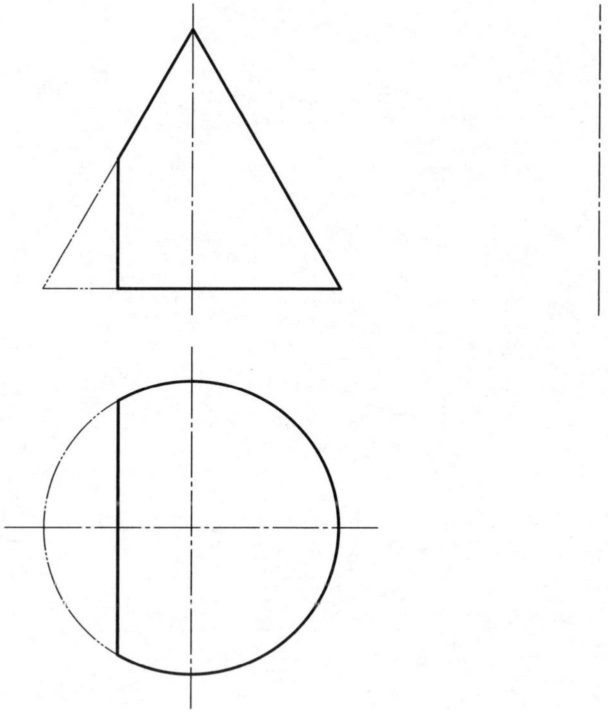

 班级 姓名 学号

2-40　求圆锥的截交线,完成其水平投影和侧面投影(二)。

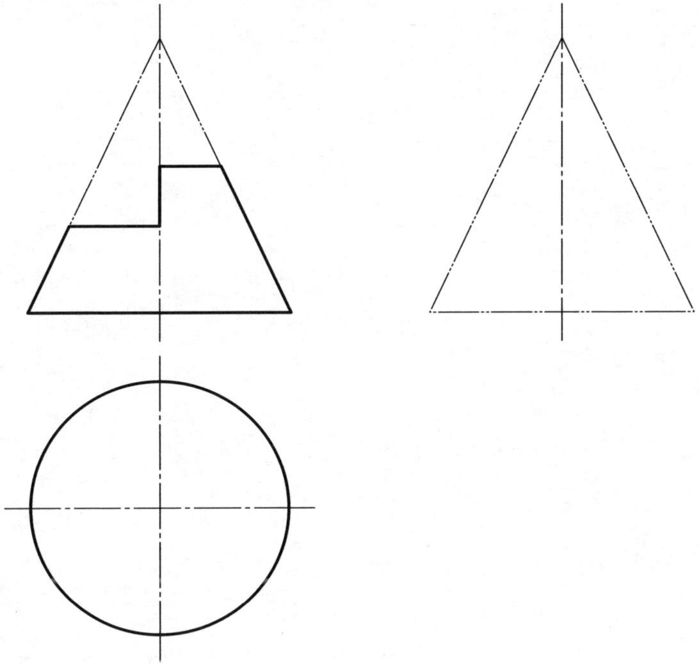

2-41　求圆锥的截交线,完成其水平投影和侧面投影(三)。

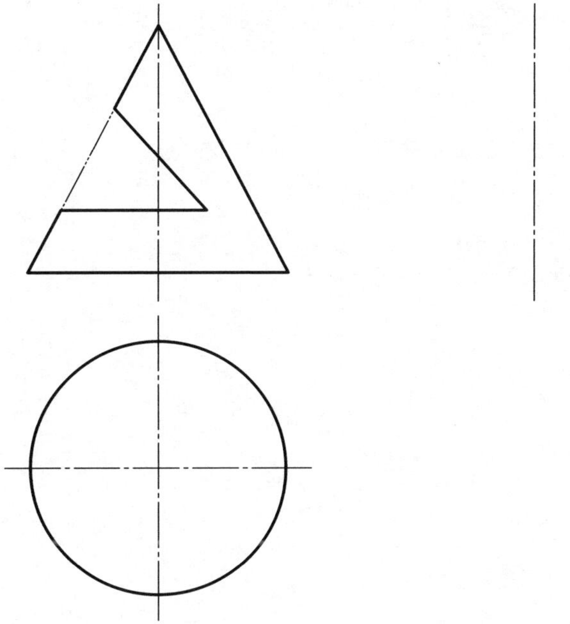

班级　　　　姓名　　　　学号

2-42 求圆球的截交线,完成其水平投影和侧面投影。

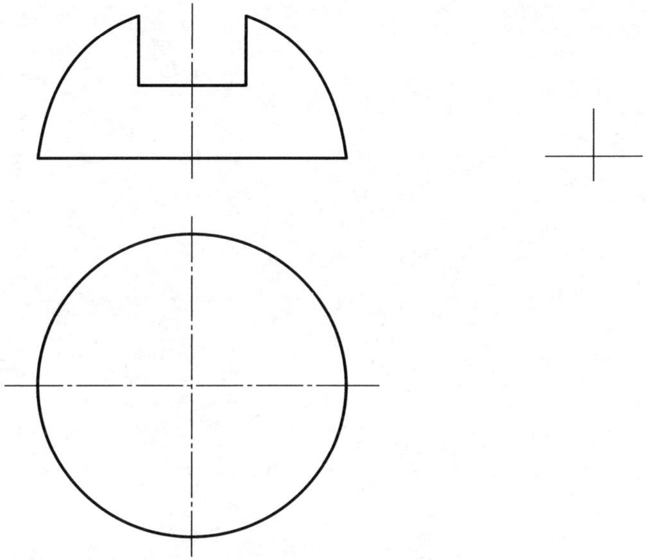

2-43 求圆球穿孔后的截交线,完成其水平投影和侧面投影。

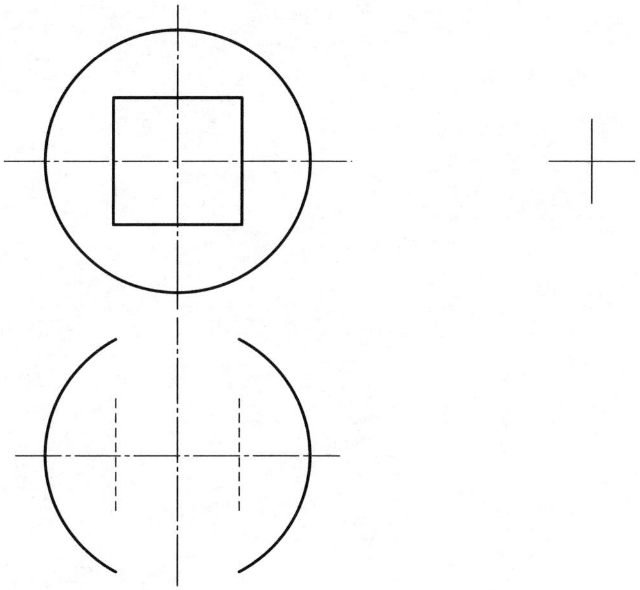

2-44 根据已知,补画第三视图(一)。

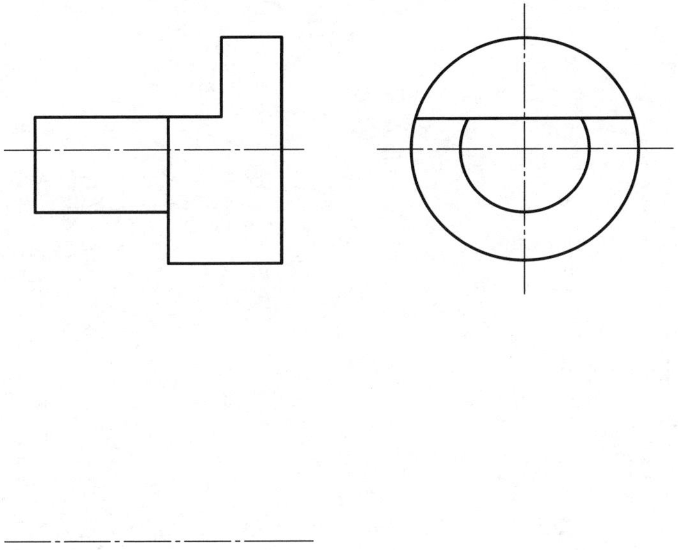

2-45 根据已知,补画第三视图(二)。

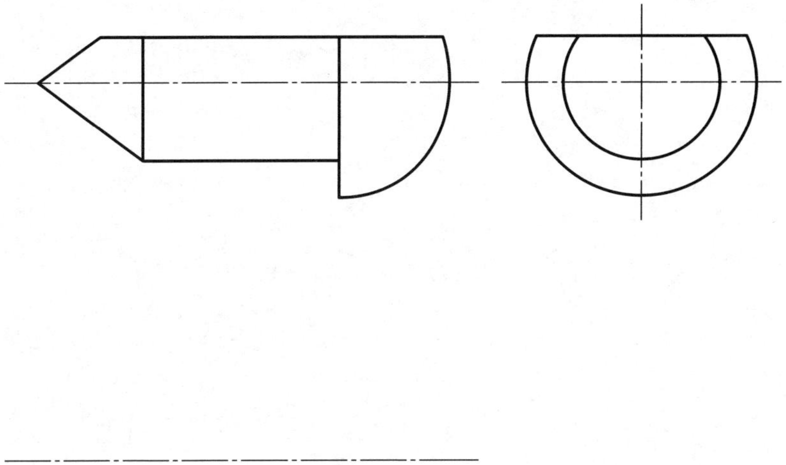

 班级 姓名 学号

2-46 根据相贯线的已知投影,补画第三投影。

(1)

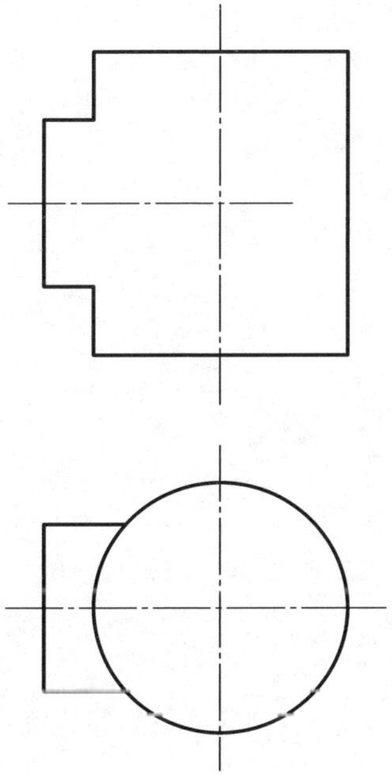

(2)

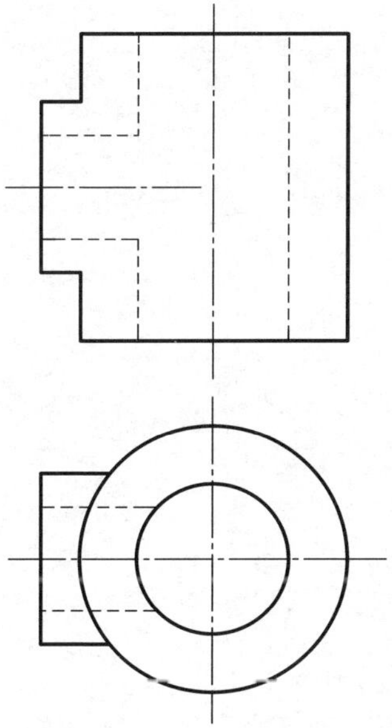

(3)

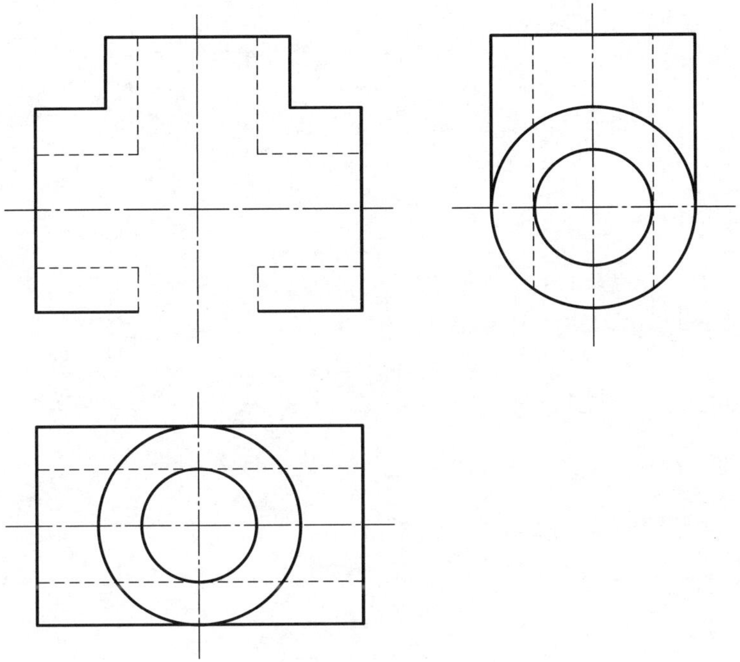

(4)

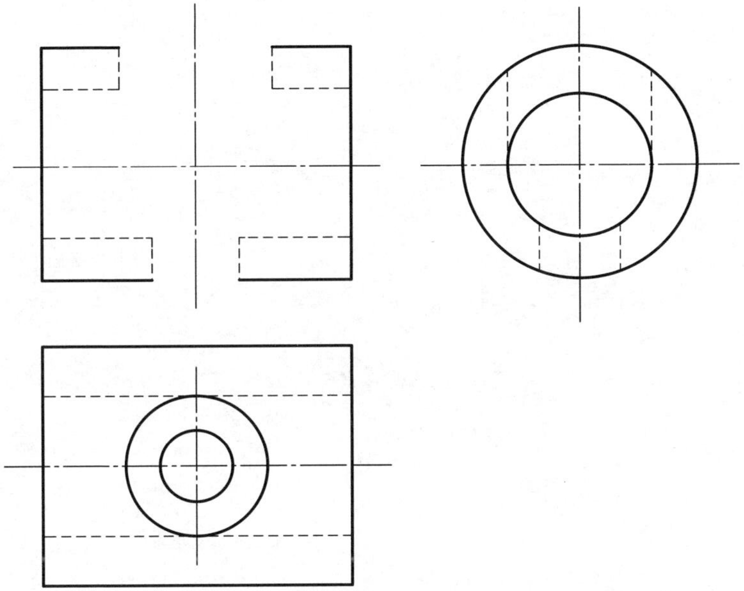

班级　　　　姓名　　　　学号

2-47　分析三视图,求相贯线(一)。

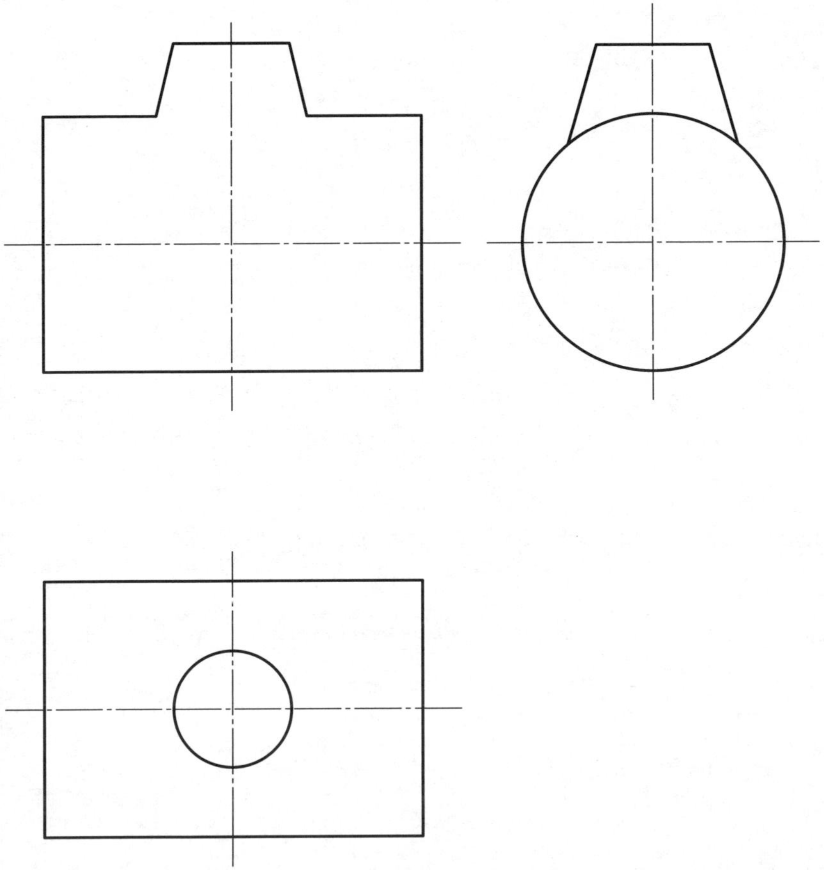

2-48　分析三视图,求相贯线(二)。

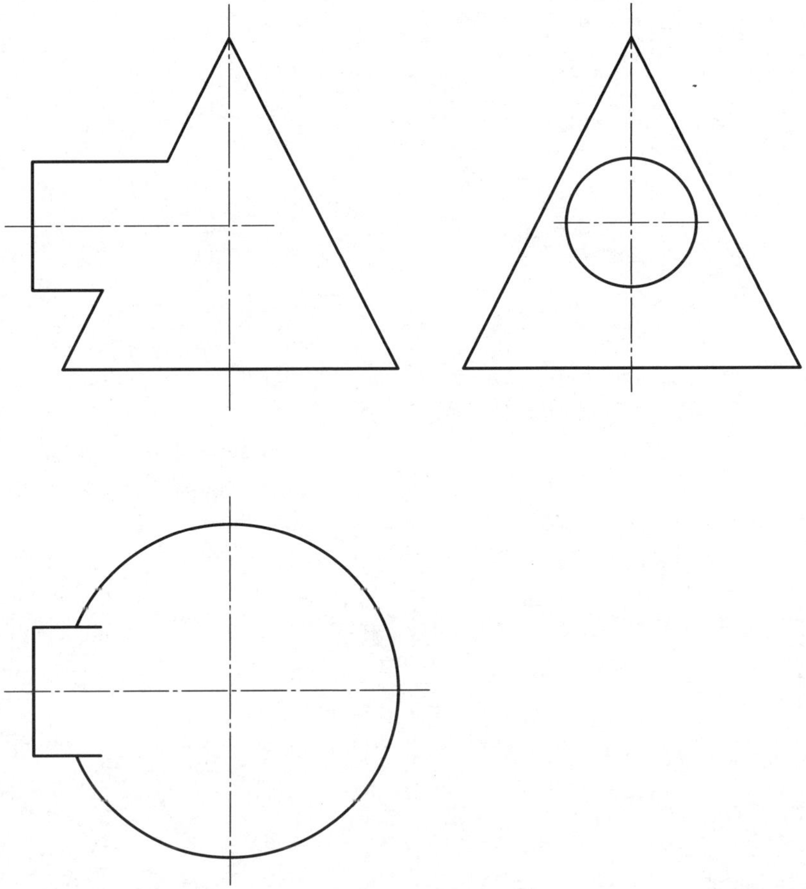

3-1　已知三视图,绘制正等轴测图(尺寸图中量取)。

(1)

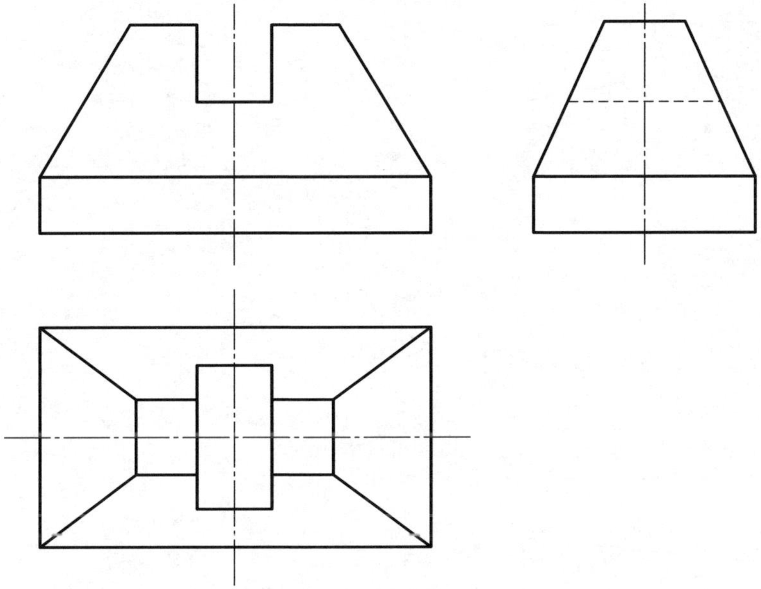

(2)

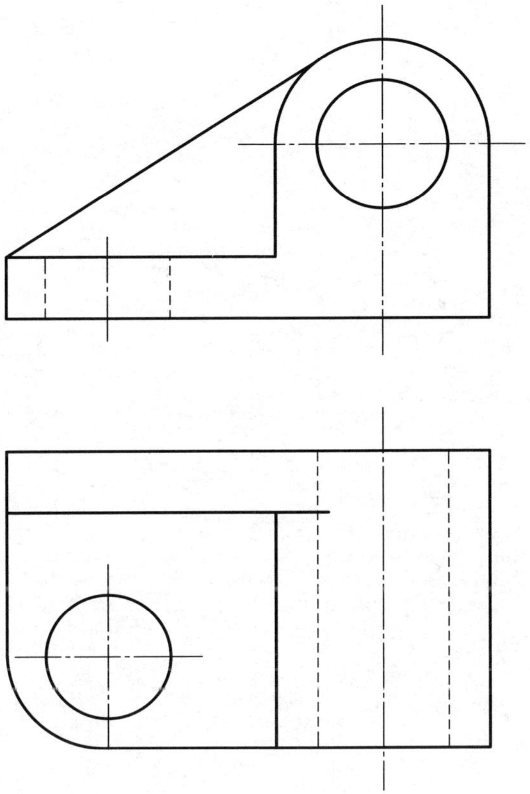

 班级 姓名 学号

3-2　画出物体的剖切正等轴测图(尺寸图中量取)。

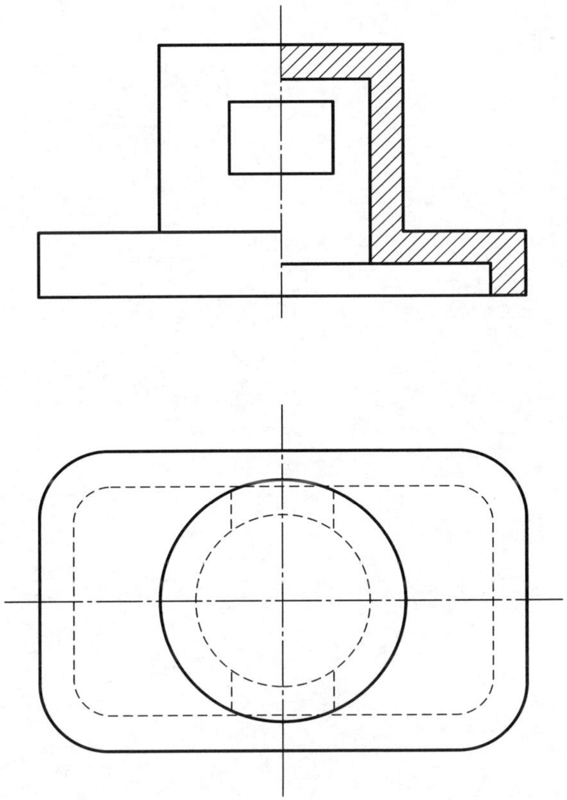

3-3　已知三视图,绘制斜二轴测图(尺寸图中量取)。

(1)

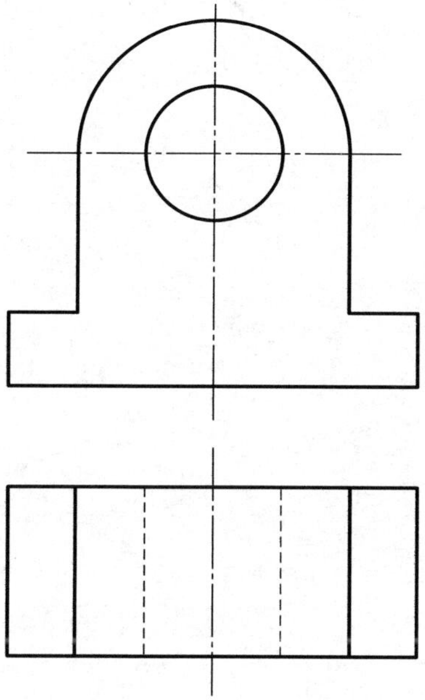

(2)

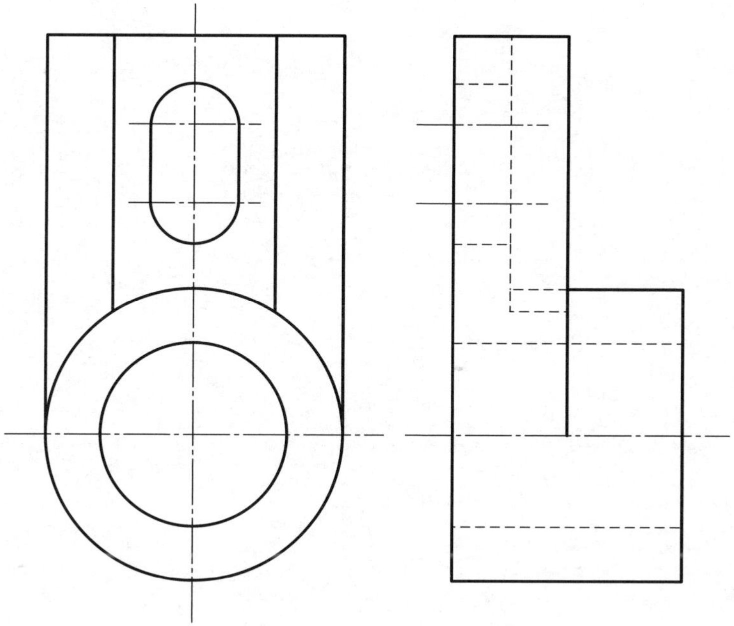

 班级 姓名 学号

4-1 根据物体的轴测图和两视图,补画第三视图。

(1)

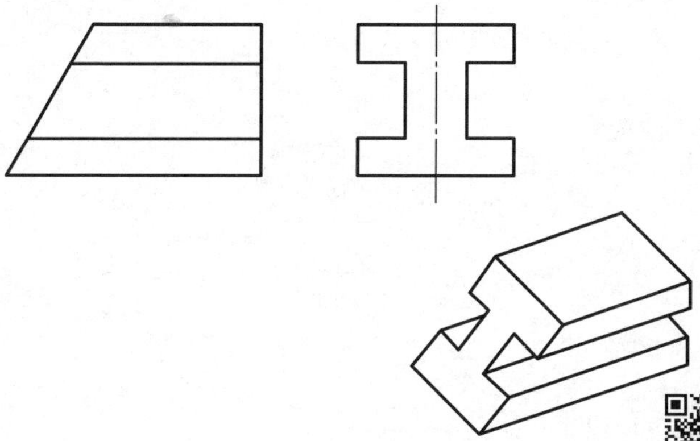

(2)

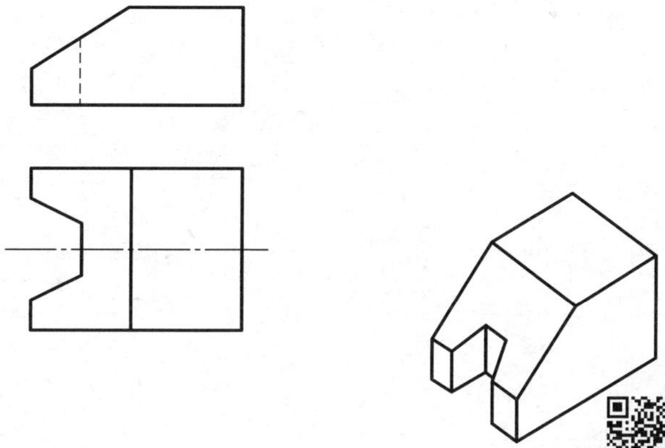

(3)

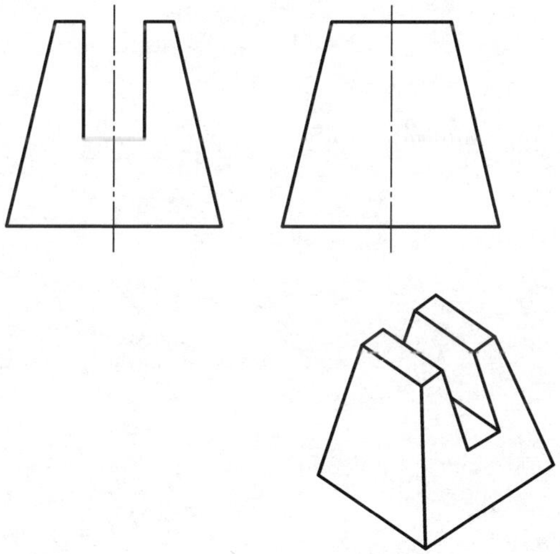

(4)

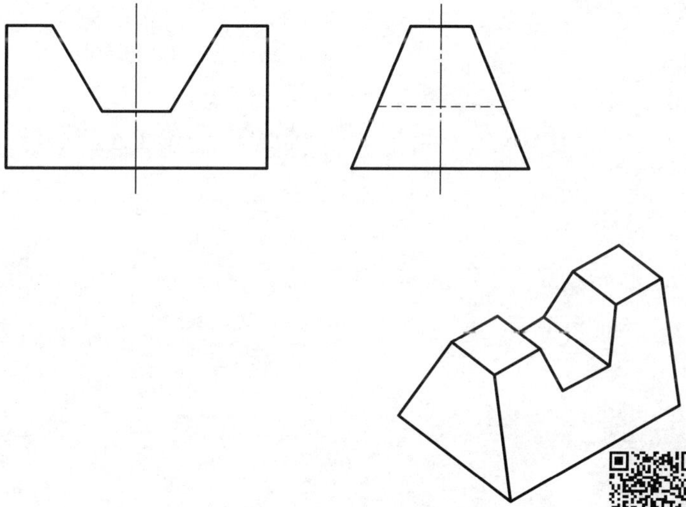

4-2 根据已知的两视图,补画完成第三视图。

(1)

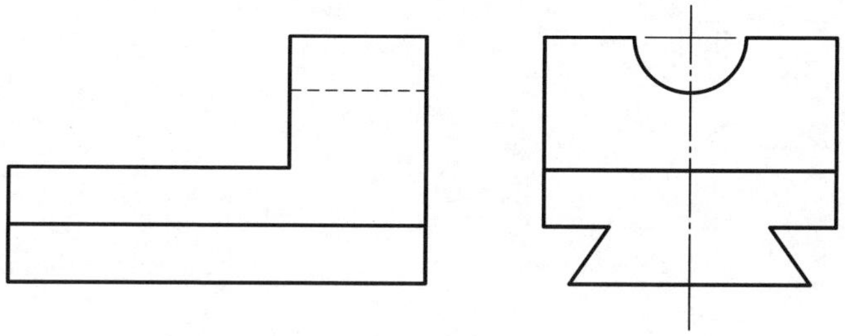

(2)

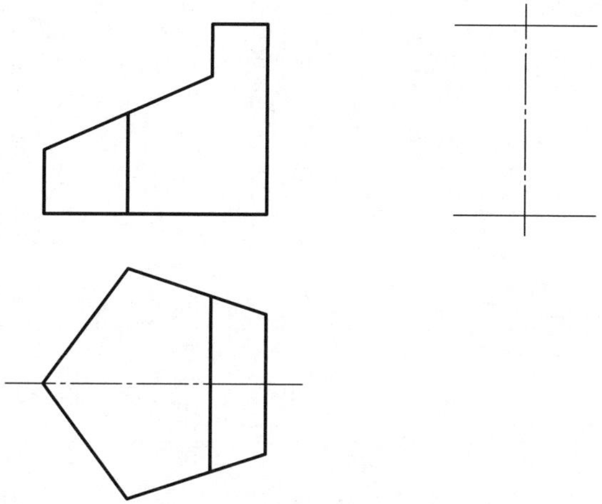

(3)

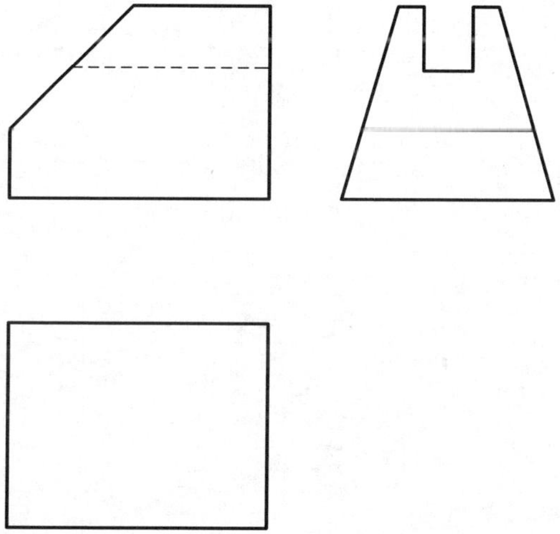

(4)

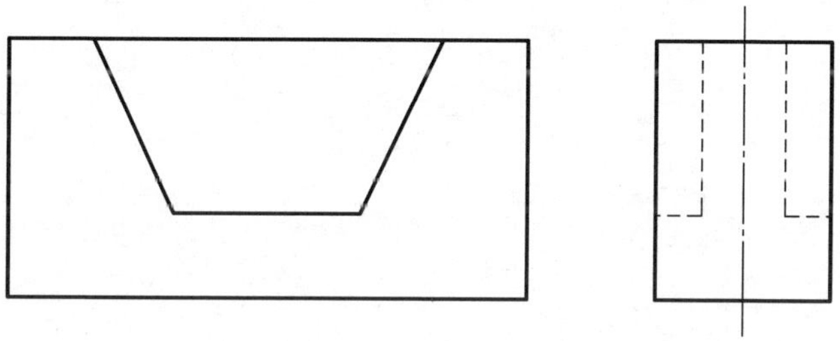

 班级 姓名 学号

4-3　根据右下角的立体轴测图,用1:1比例画出立体的三视图。

(1)

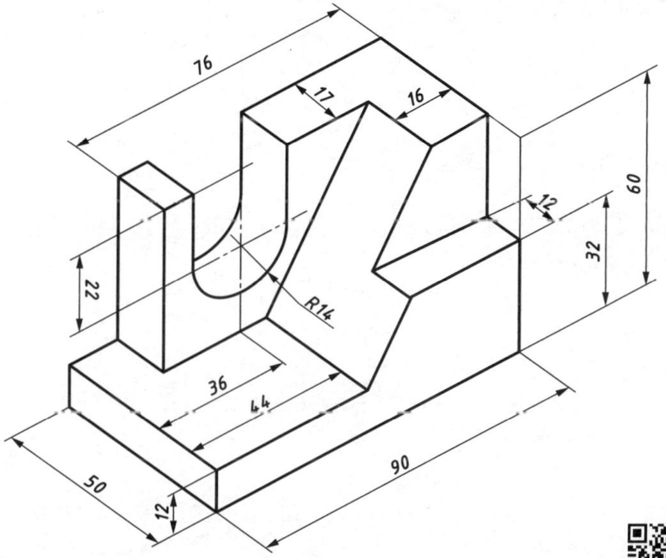

(2)

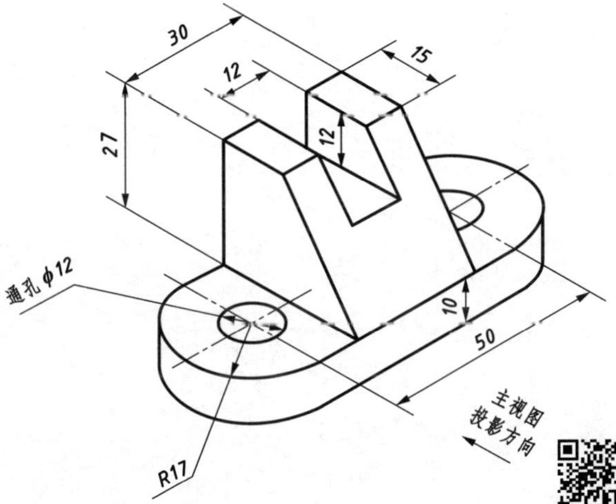

 班级 姓名 学号

(3)

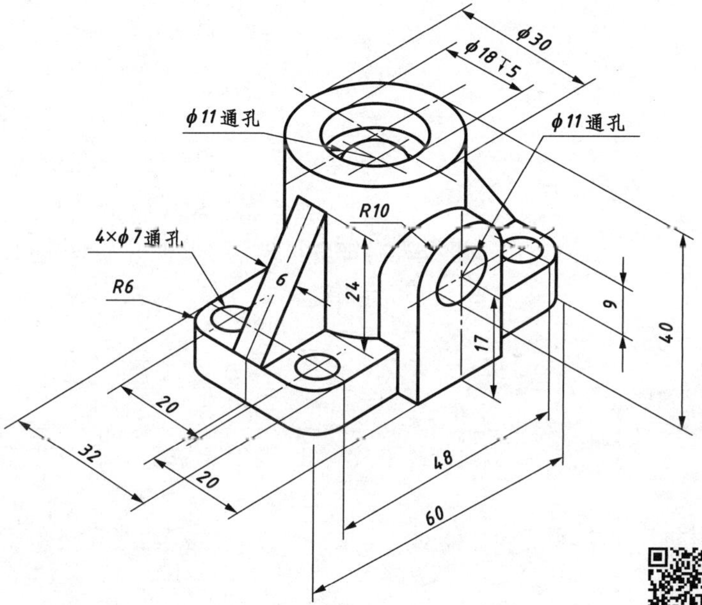

 班级 姓名 学号

4-4 补画三视图中所缺少的图线。

(1)

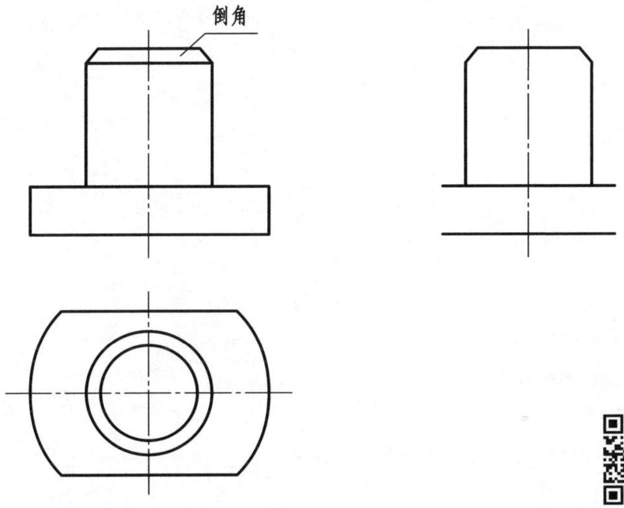

(2)

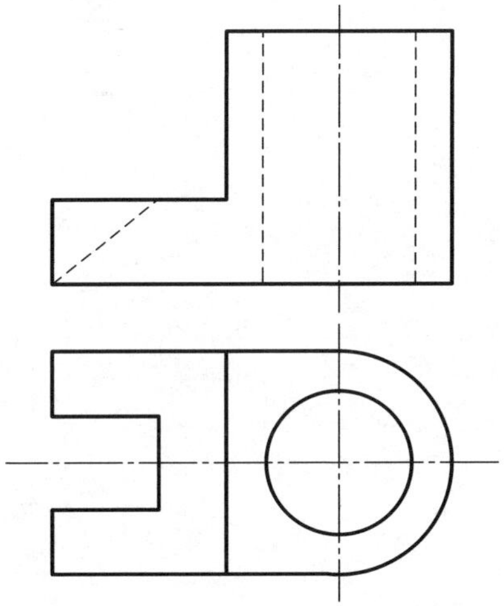

(3)

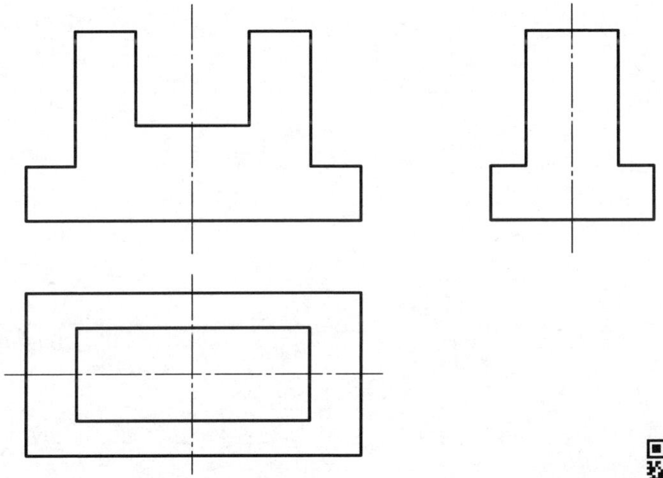

(4)

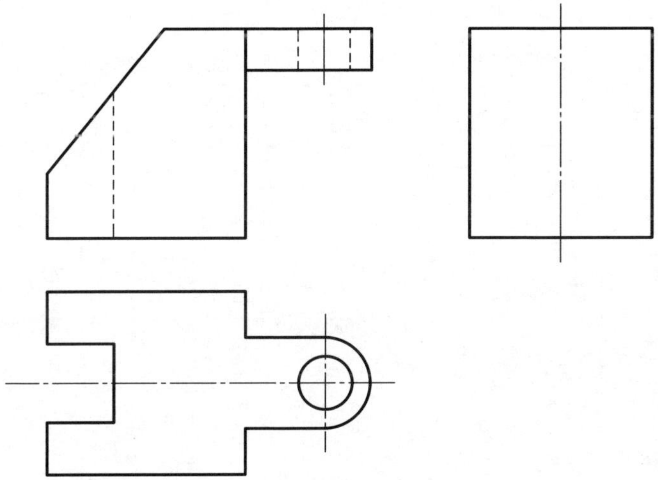

 班级 姓名 学号

4-5　补画图中所缺少的图线。

(1)

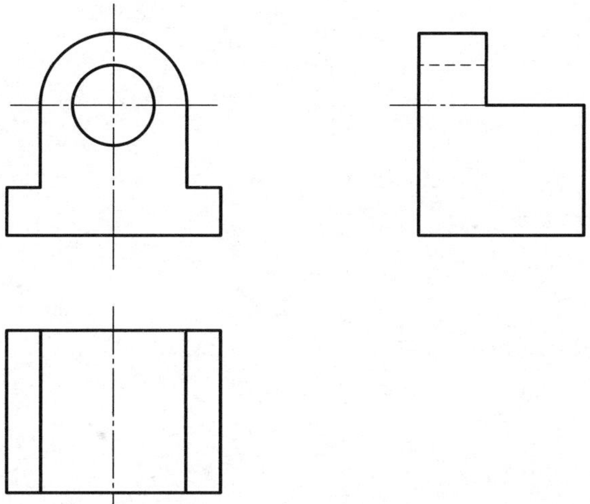

(2)

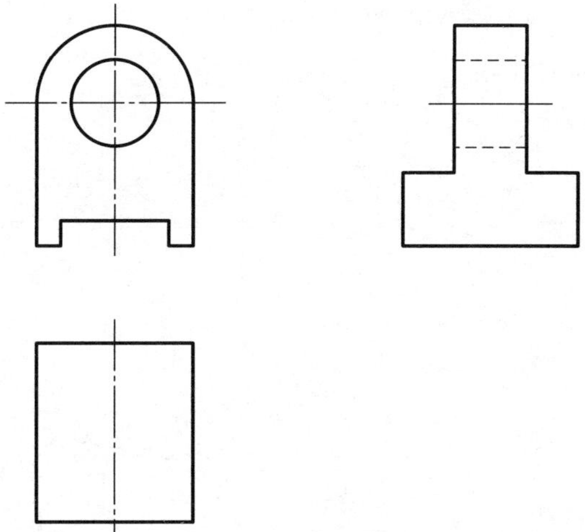

(3)

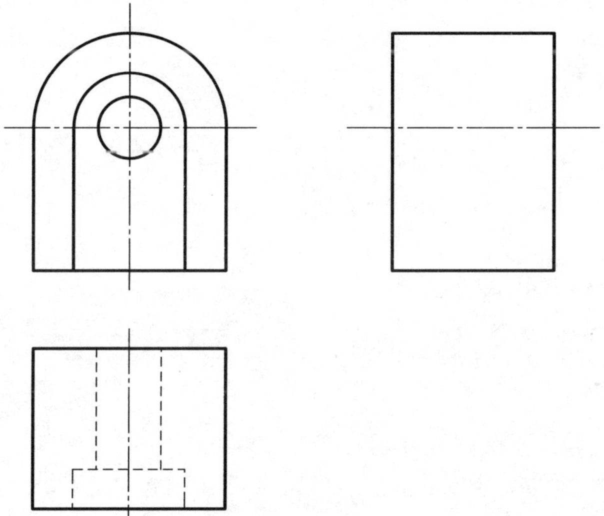

(4)

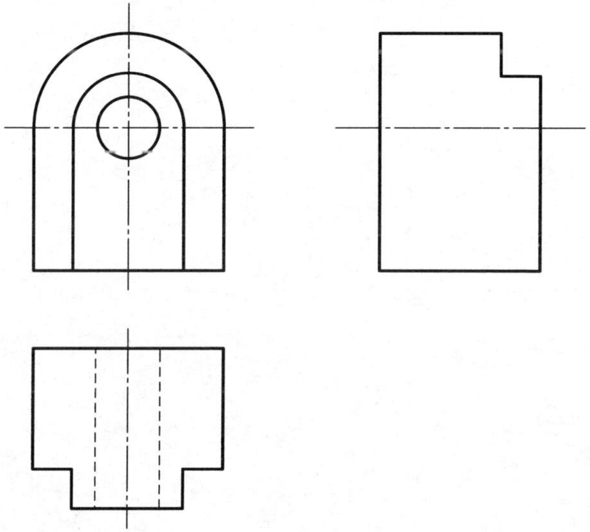

4-6 注意物体俯视图的变化，补全主视图中所缺少的图线。

(1)

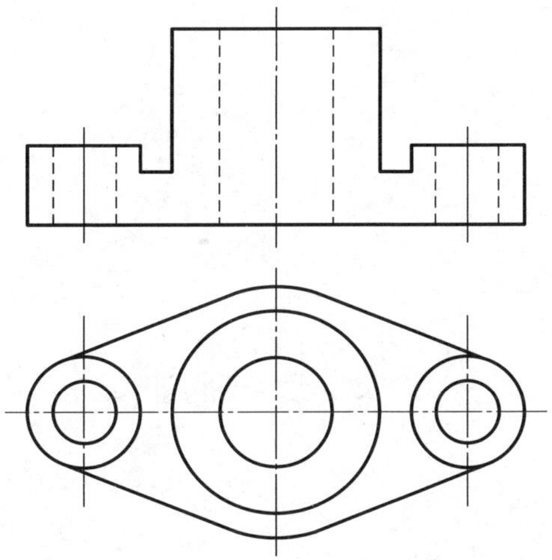

(2)

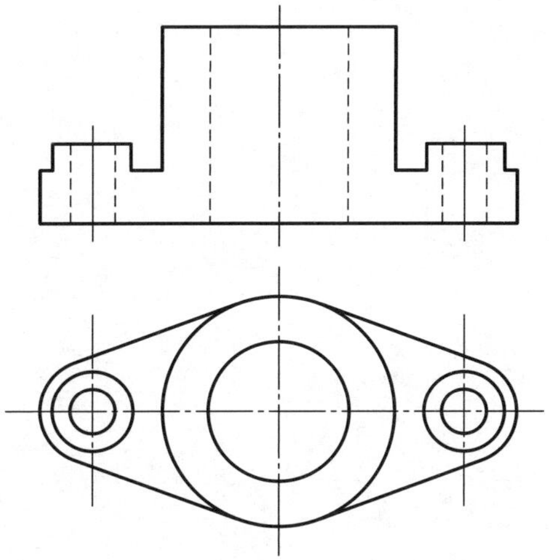

(3)

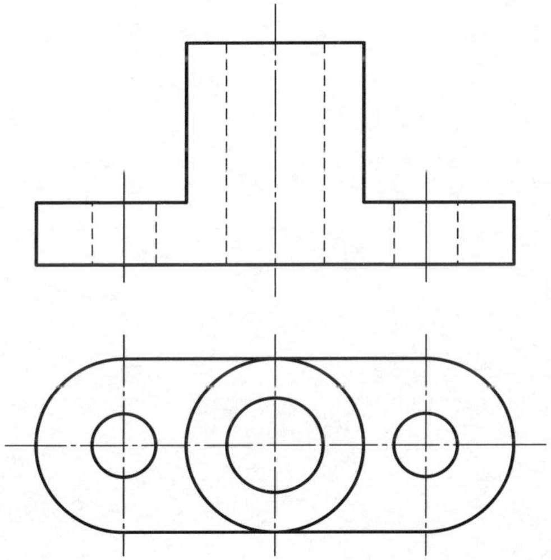

(4)

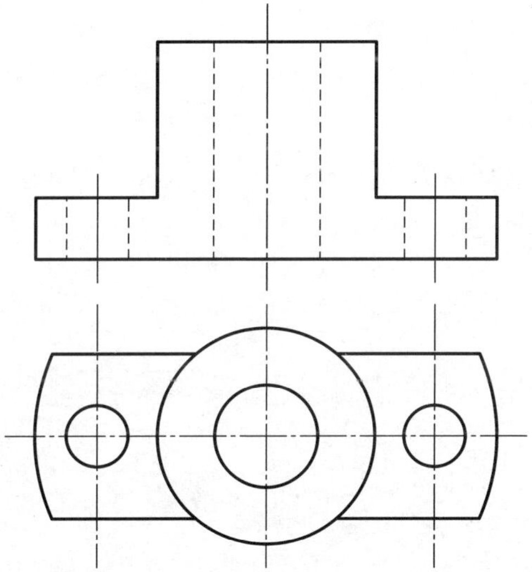

 班级 姓名 学号

4-7　根据立体图，完成物体的三视图。

(1)

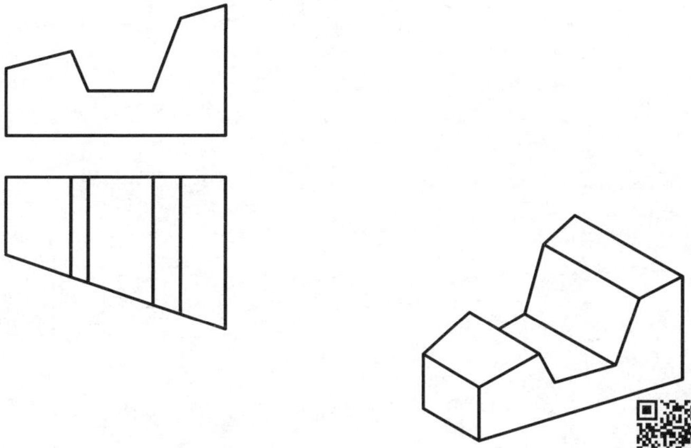

(2)

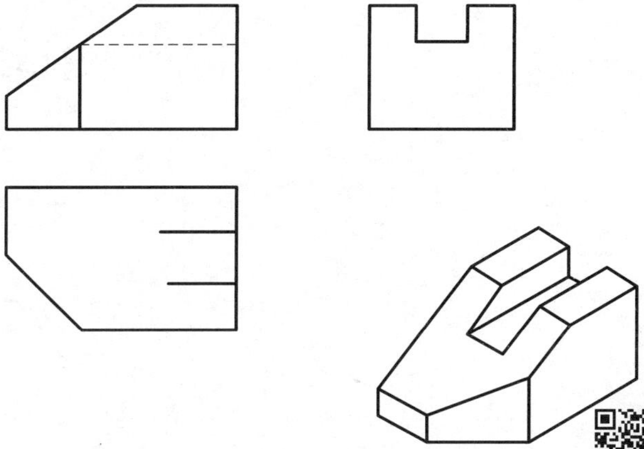

(3)

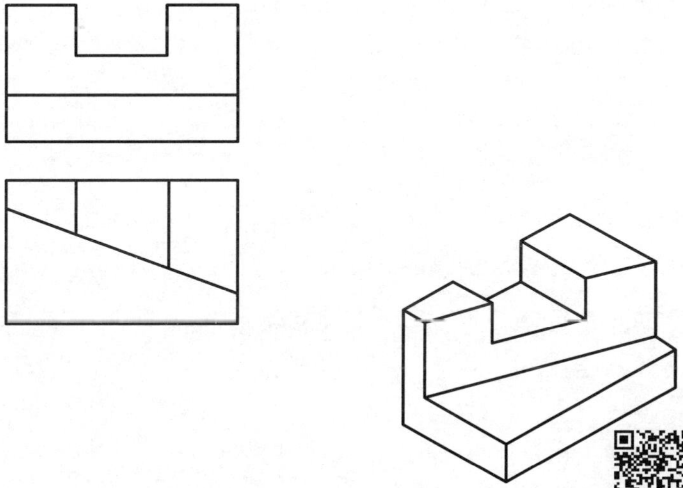

(4)

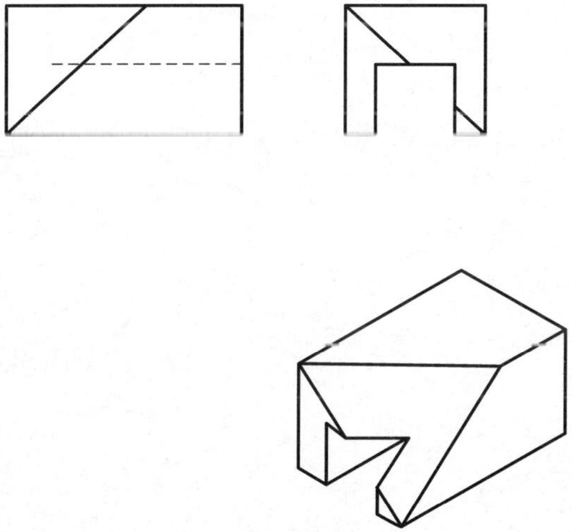

4-8　根据两视图,补画第三视图。

(1)

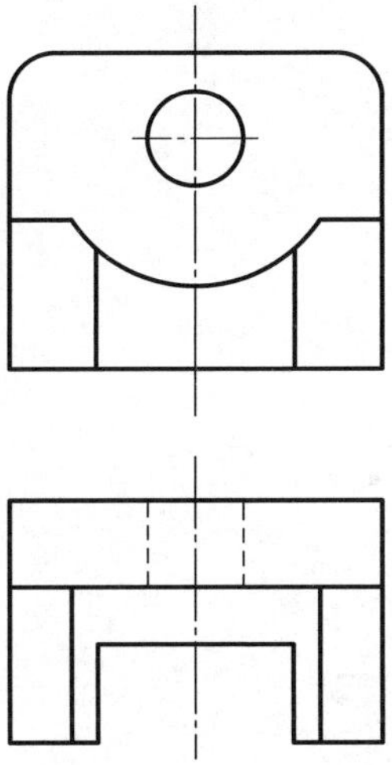

(2)

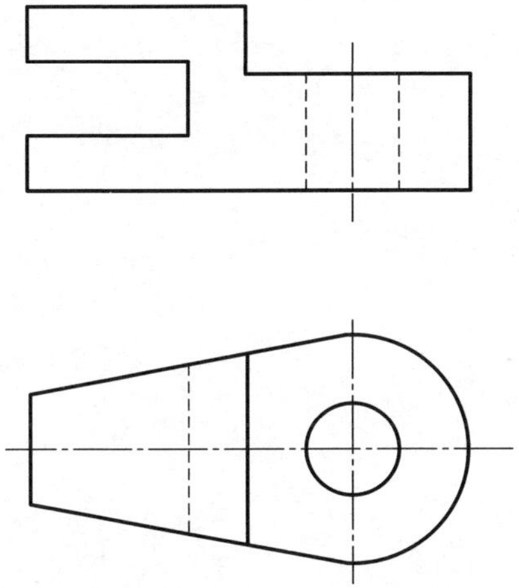

(3)

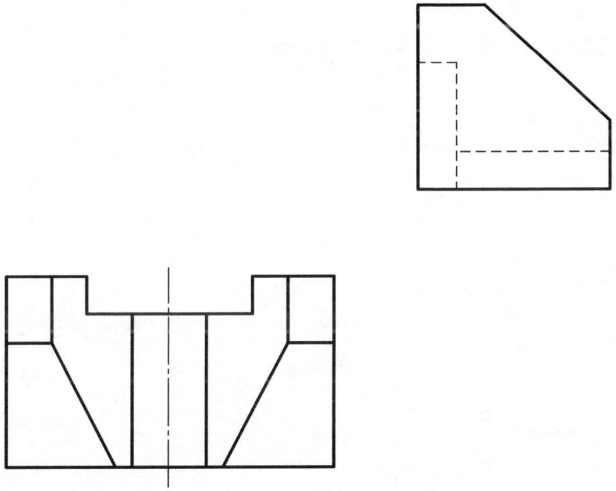

(4)

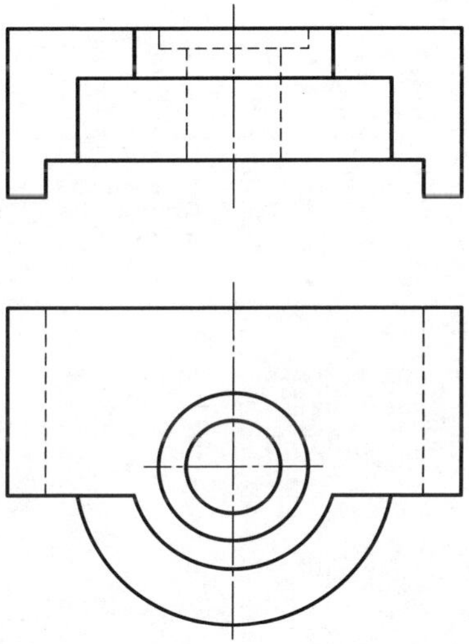

4-9 根据组合体的主、俯两视图,补画其左视图。

(1)

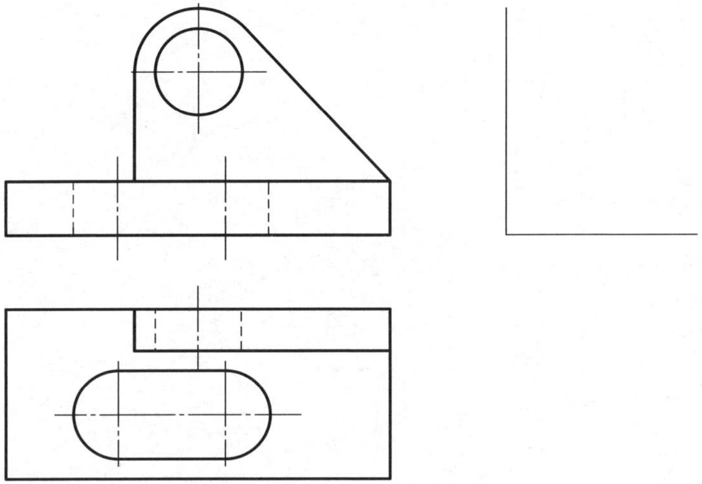

(2)

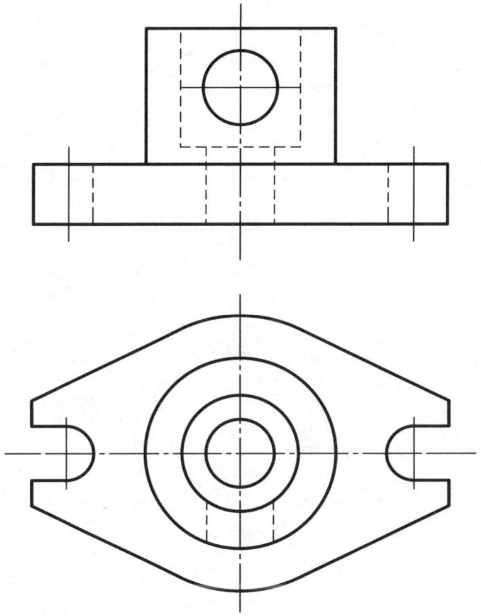

班级 姓名 学号

(3)

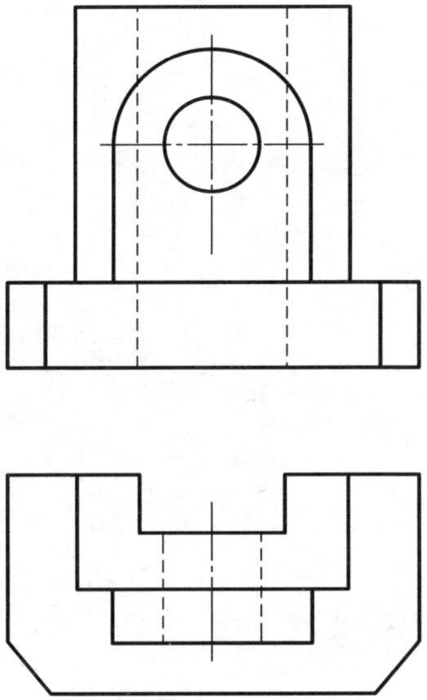

(4)

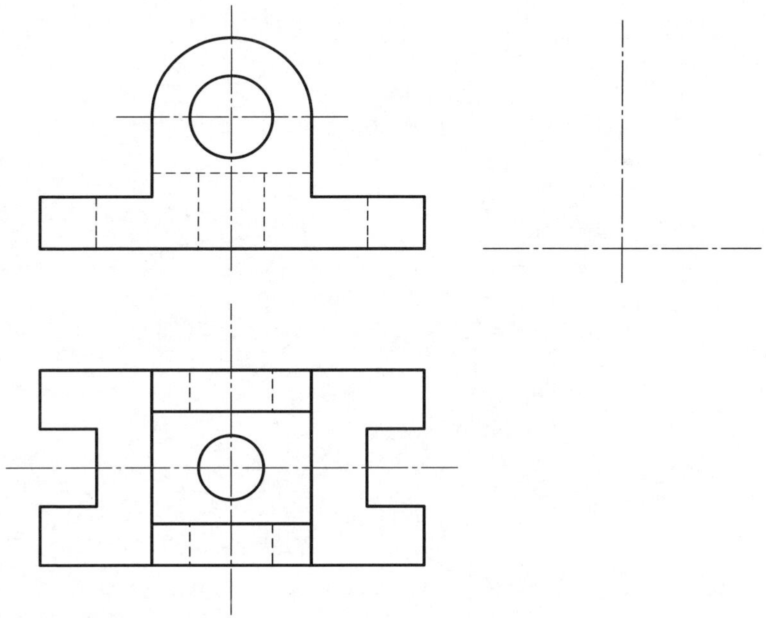

班级　　　　姓名　　　　学号

4-10 标注组合体视图的尺寸(尺寸数值从图中1∶1量取)。

(1)

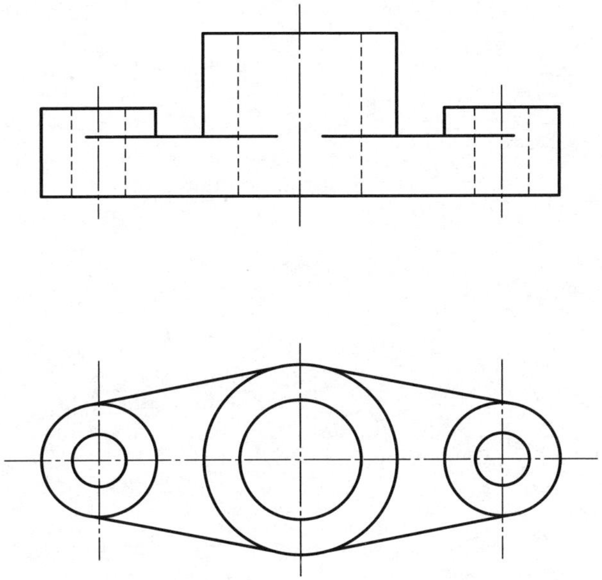

(2)

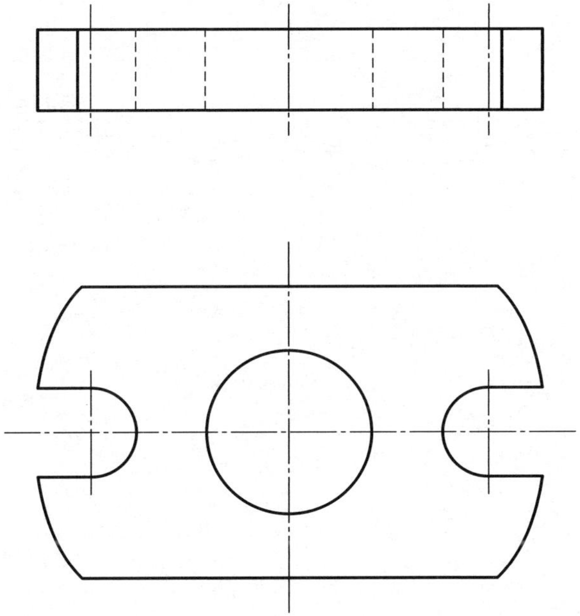

 班级 姓名 学号

(3)

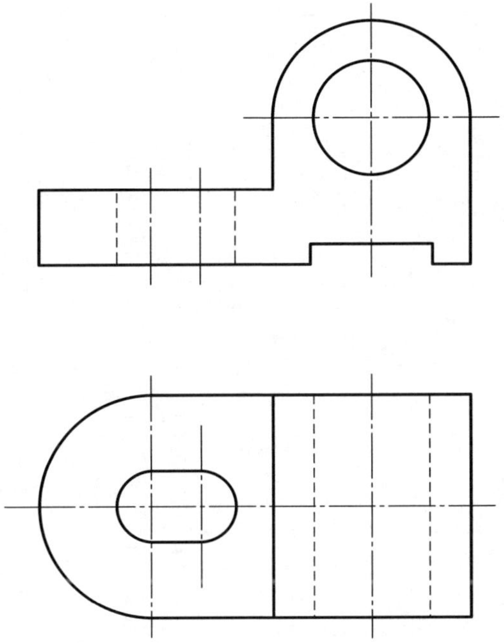

(4)

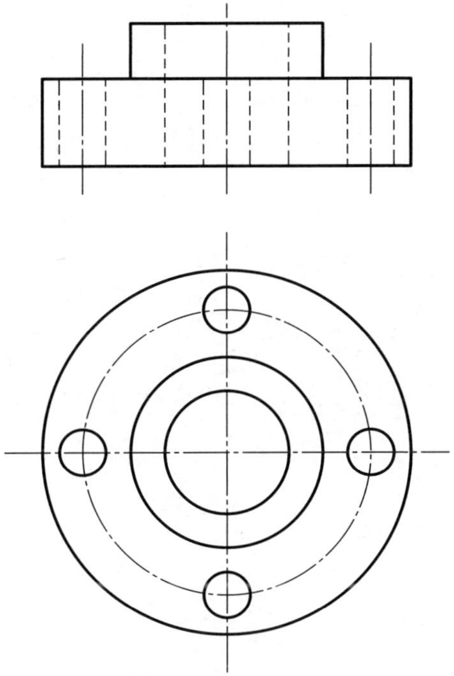

班级　　姓名　　学号

4-11 下列组合体视图中的尺寸标注有遗漏,试检查并补全尺寸。

(1)

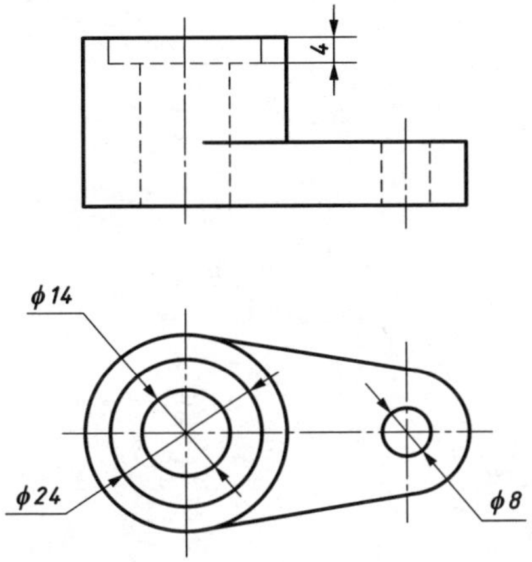

(2)

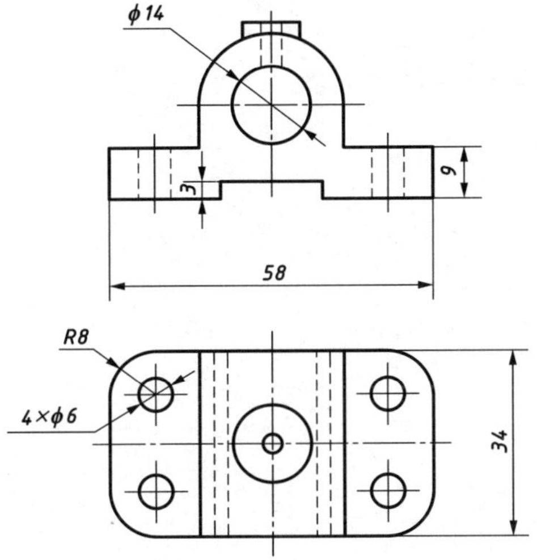

(3)

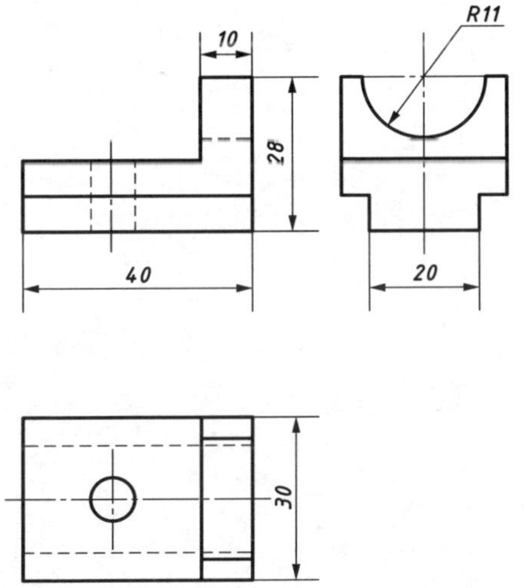

(4)

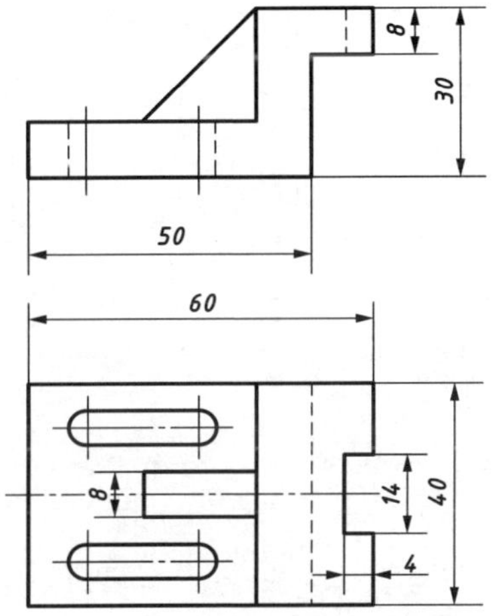

 班级 姓名 学号

5-1　根据主视图、左视图和俯视图,画出右视图、仰视图和后视图。

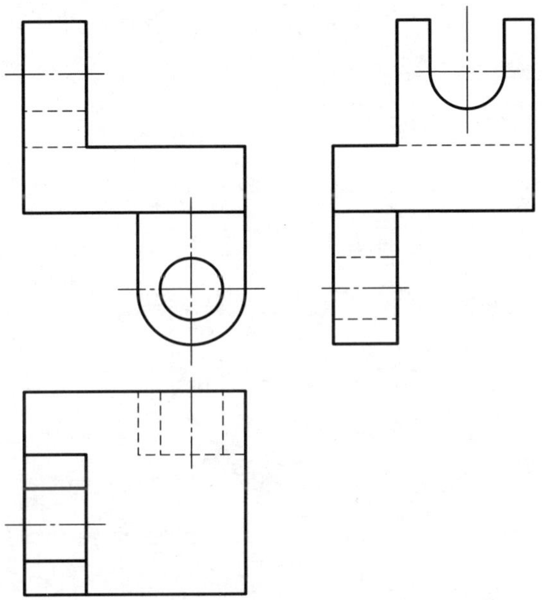

　　班级　　姓名　　学号

5-2　向视图练习。

(1) 画出机件的*B*向局部视图和*A*向斜视图。

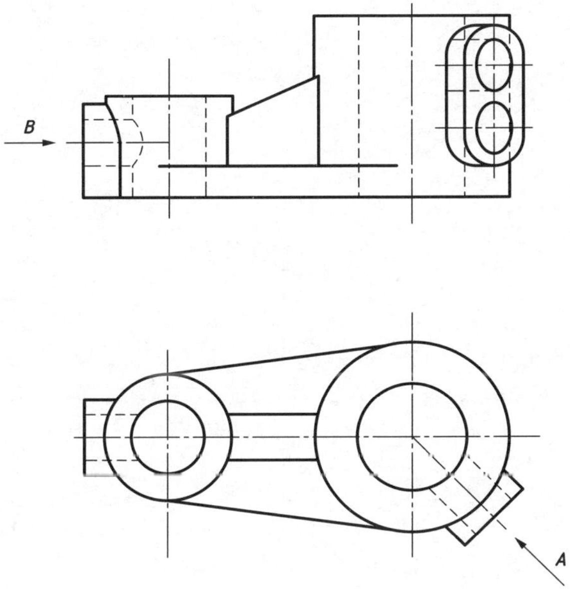

(2) 画出机件的*A*向局部视图。

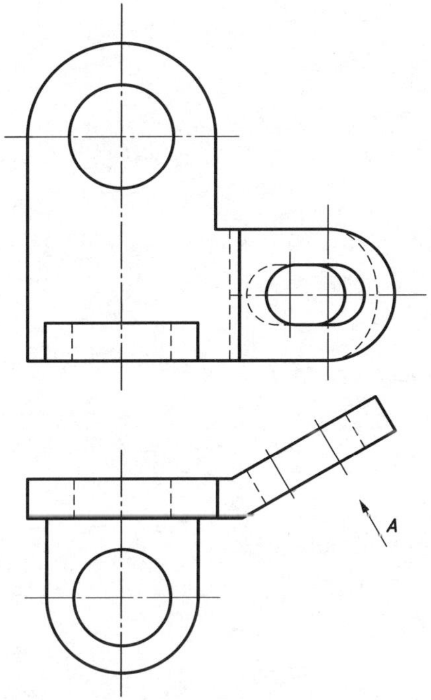

5-3　补画视图中的漏线(一)。

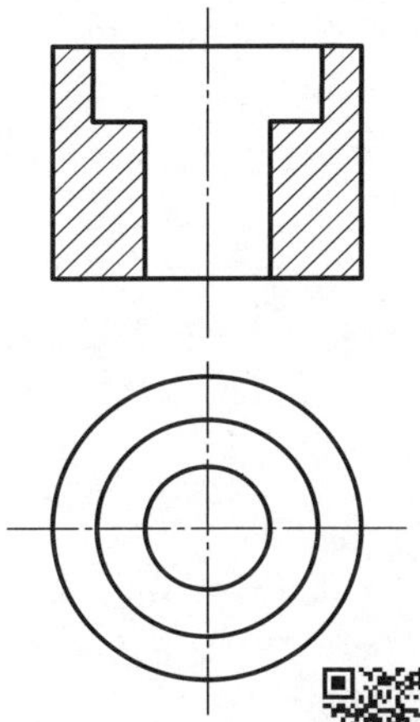

(1)

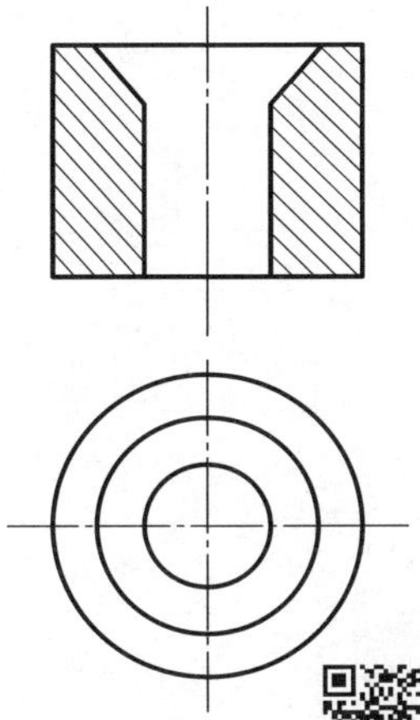

(2)

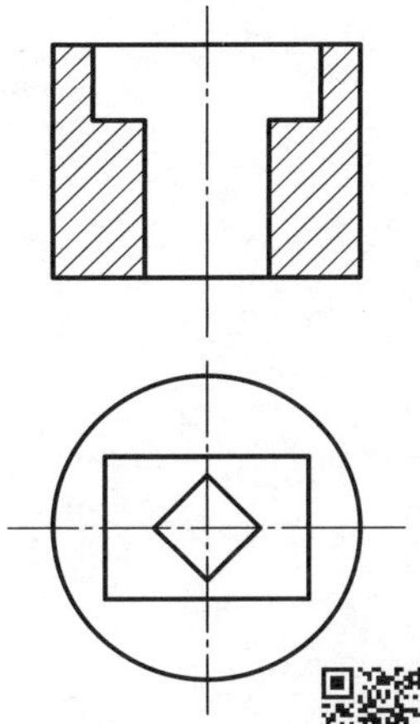

(3)

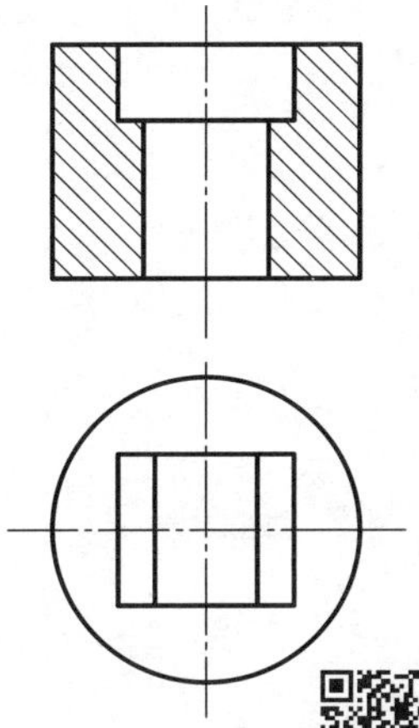

(4)

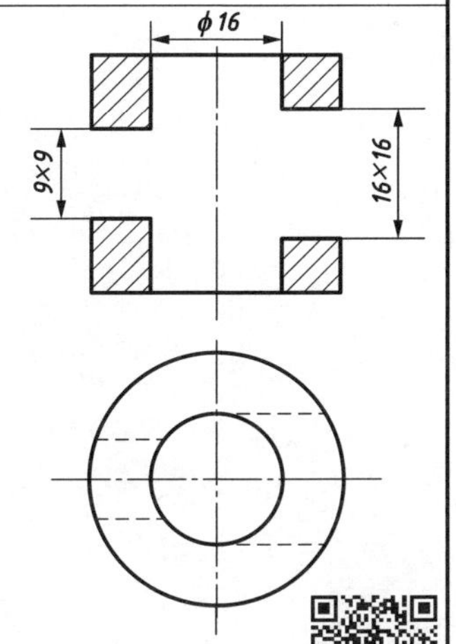

(5)

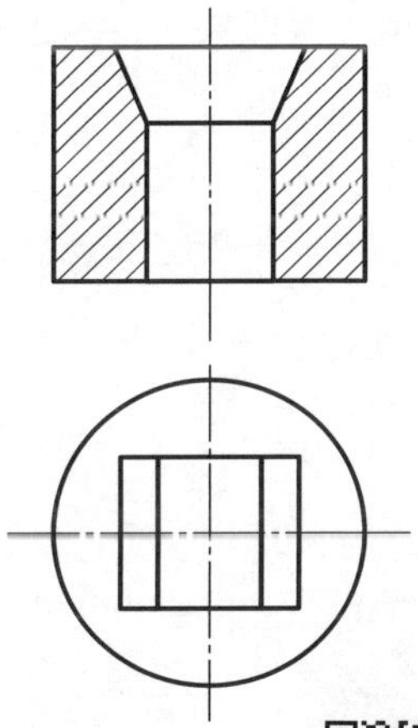

(6)

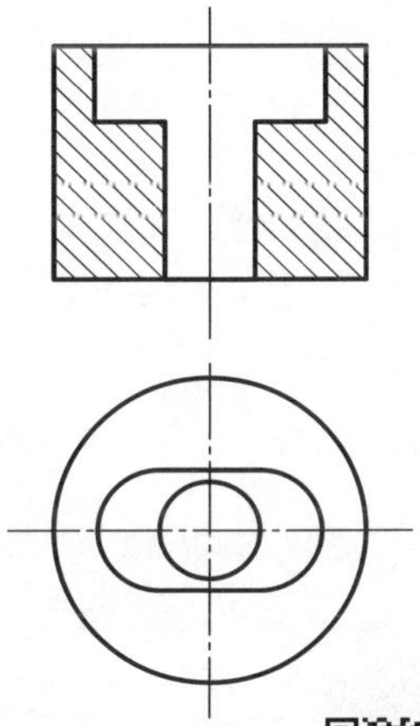

(7)

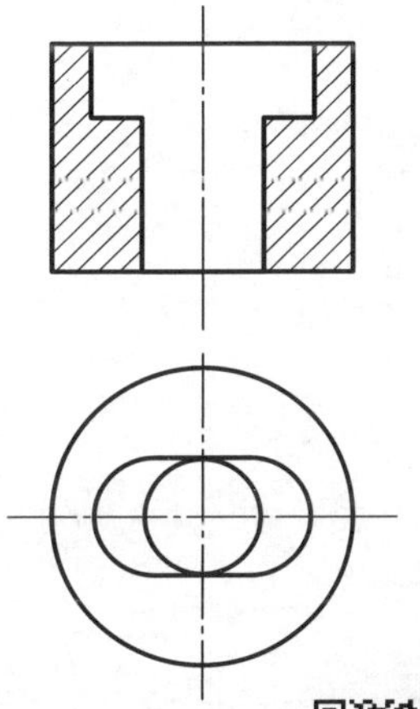

(8)

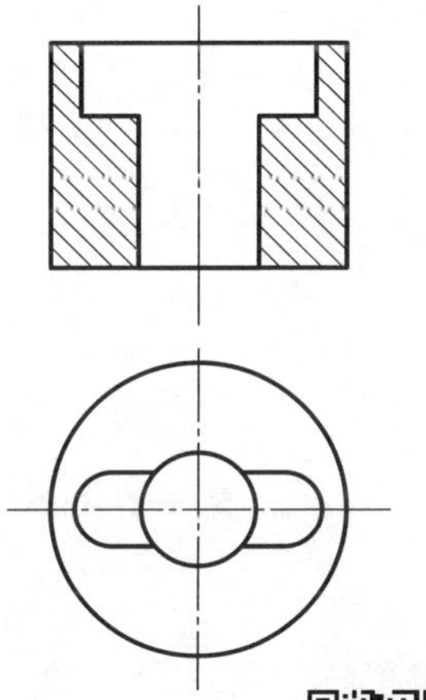

(9)

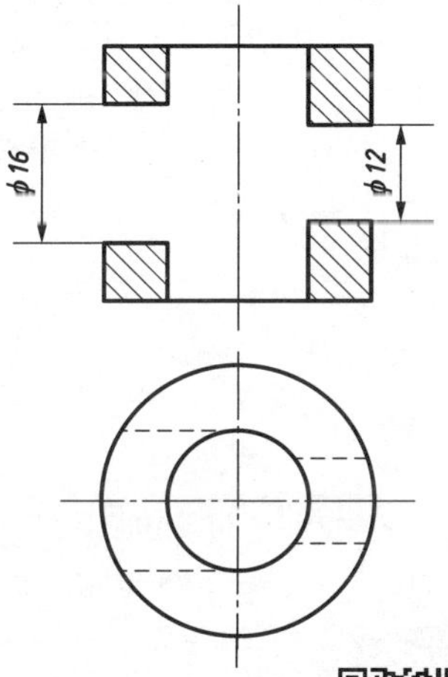

(10)

班级　　姓名　　学号

5-4 补画视图中的漏线(二)。

(1)

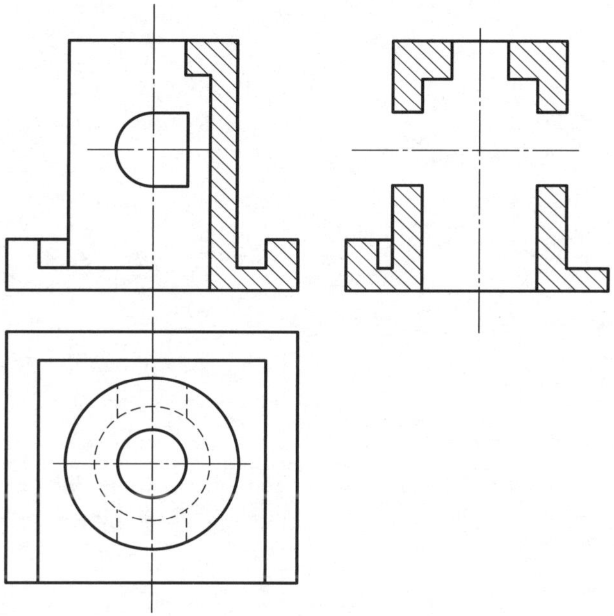

(2)

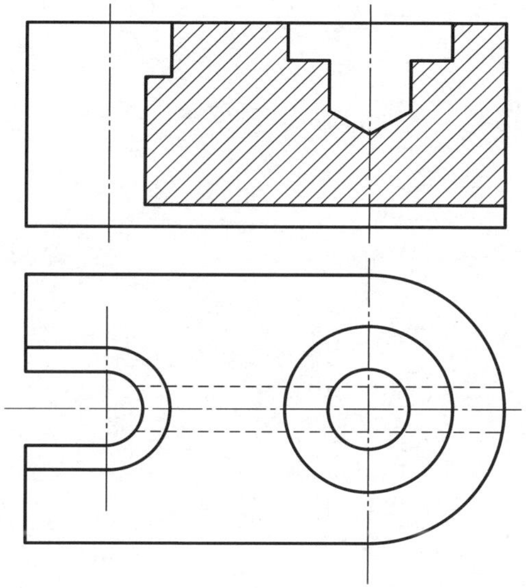

班级 姓名 学号

5-5　用单一剖切面,将主视图改为全剖视图。

(1)

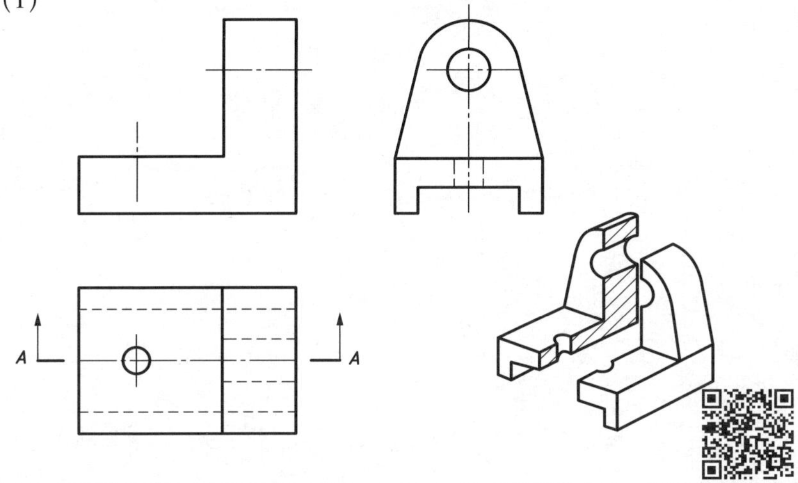

(2)

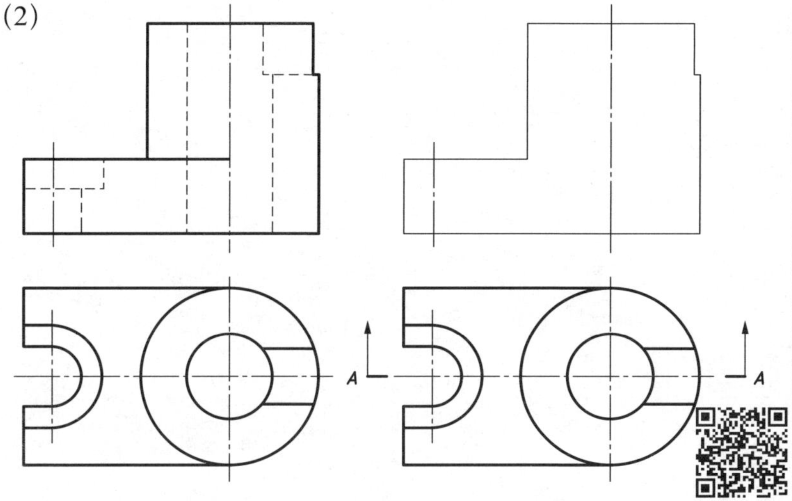

(3)

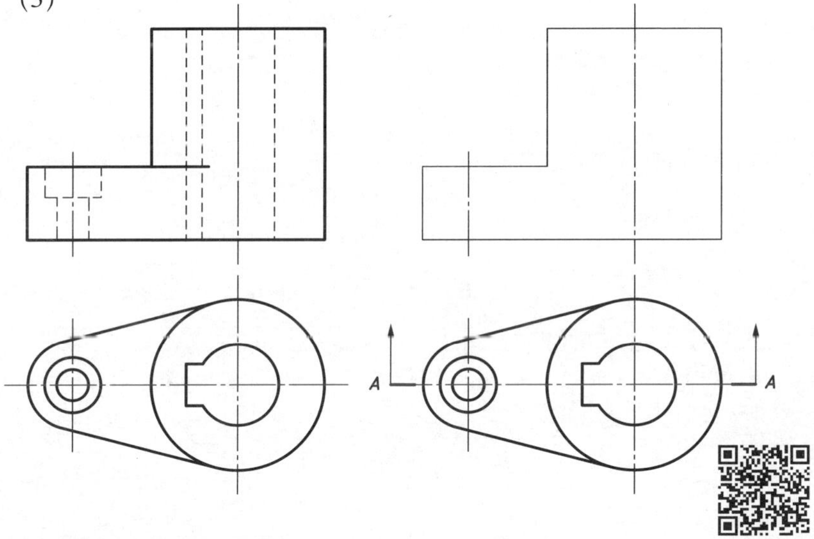

(4)

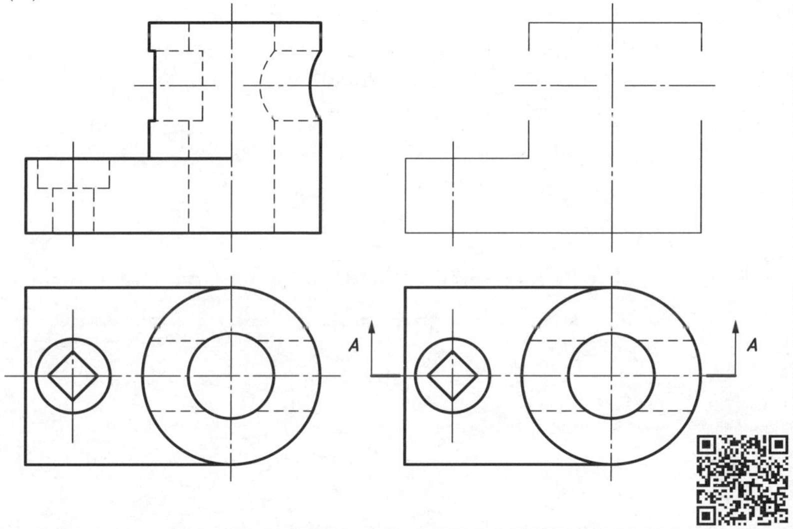

班级　　　　　姓名　　　　　学号

5-6 在指定的位置上,将主视图改画成全剖视图。

(1)

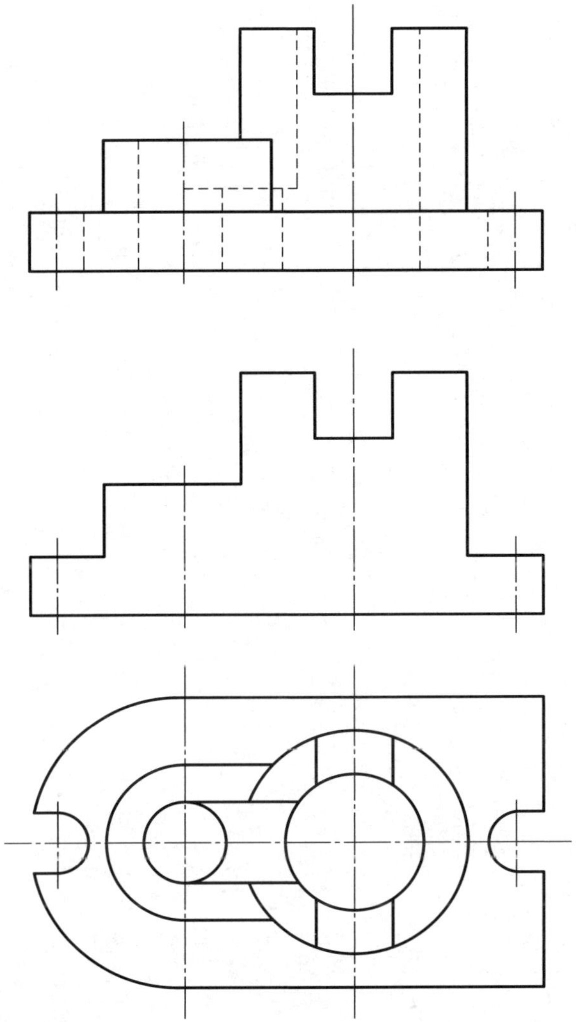

(2)

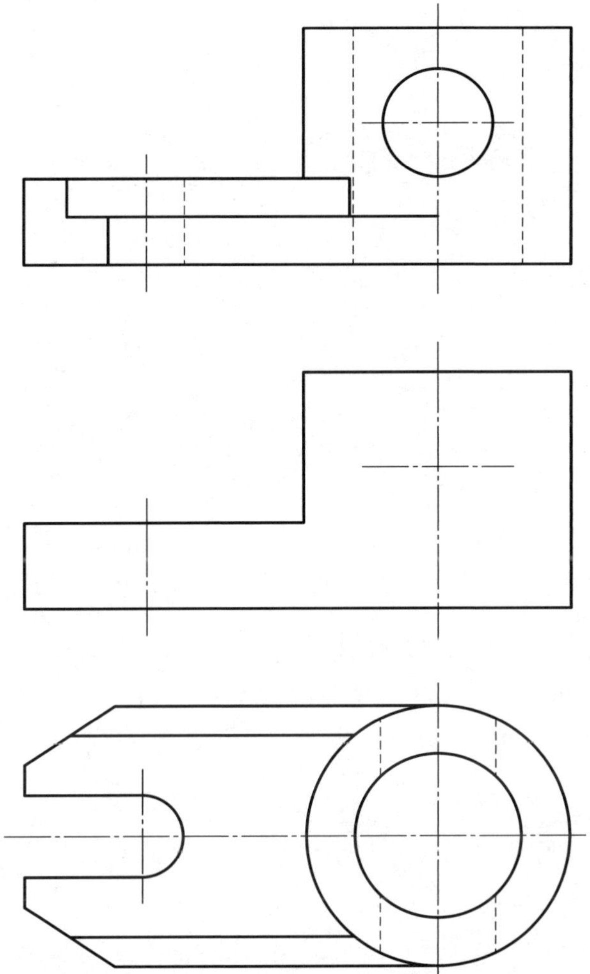

班级 姓名 学号

5-7 在指定的位置上，将主视图改画成半剖视图。

(1)

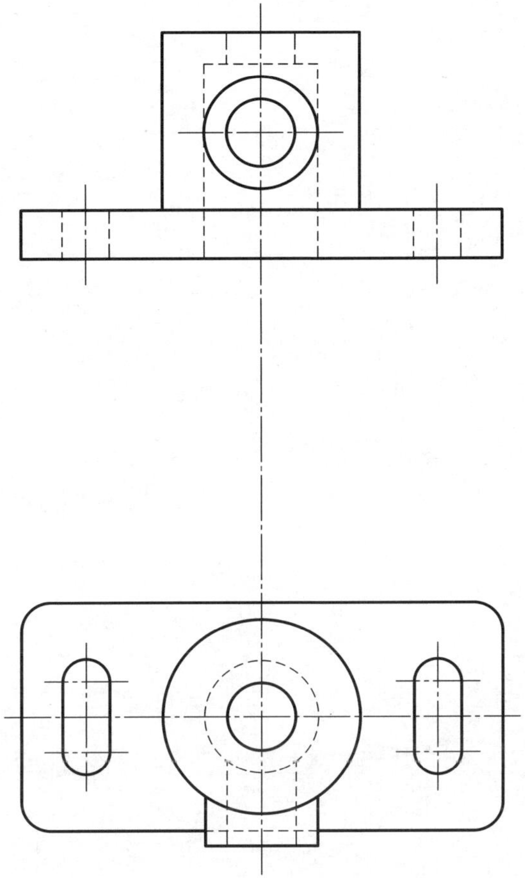

(2)

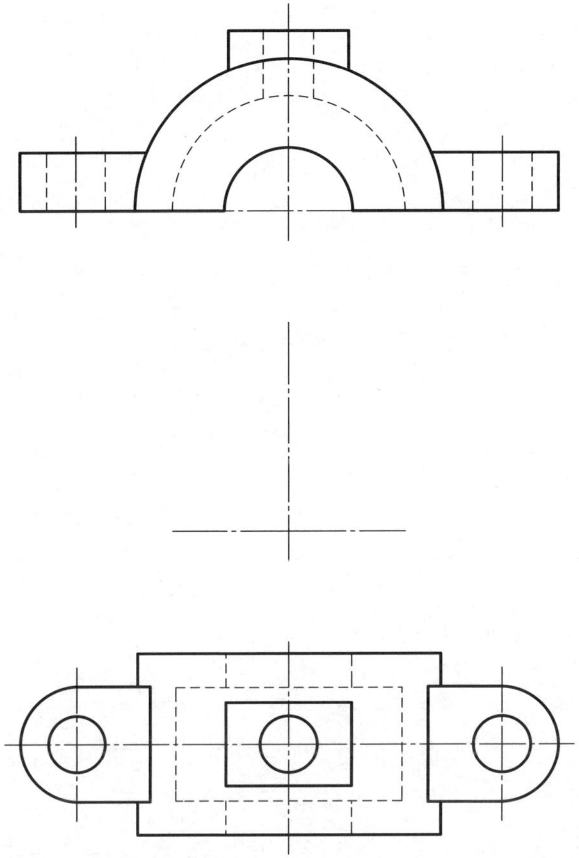

班级　　姓名　　学号

5-8　画出半剖的主视图和半剖的左视图。

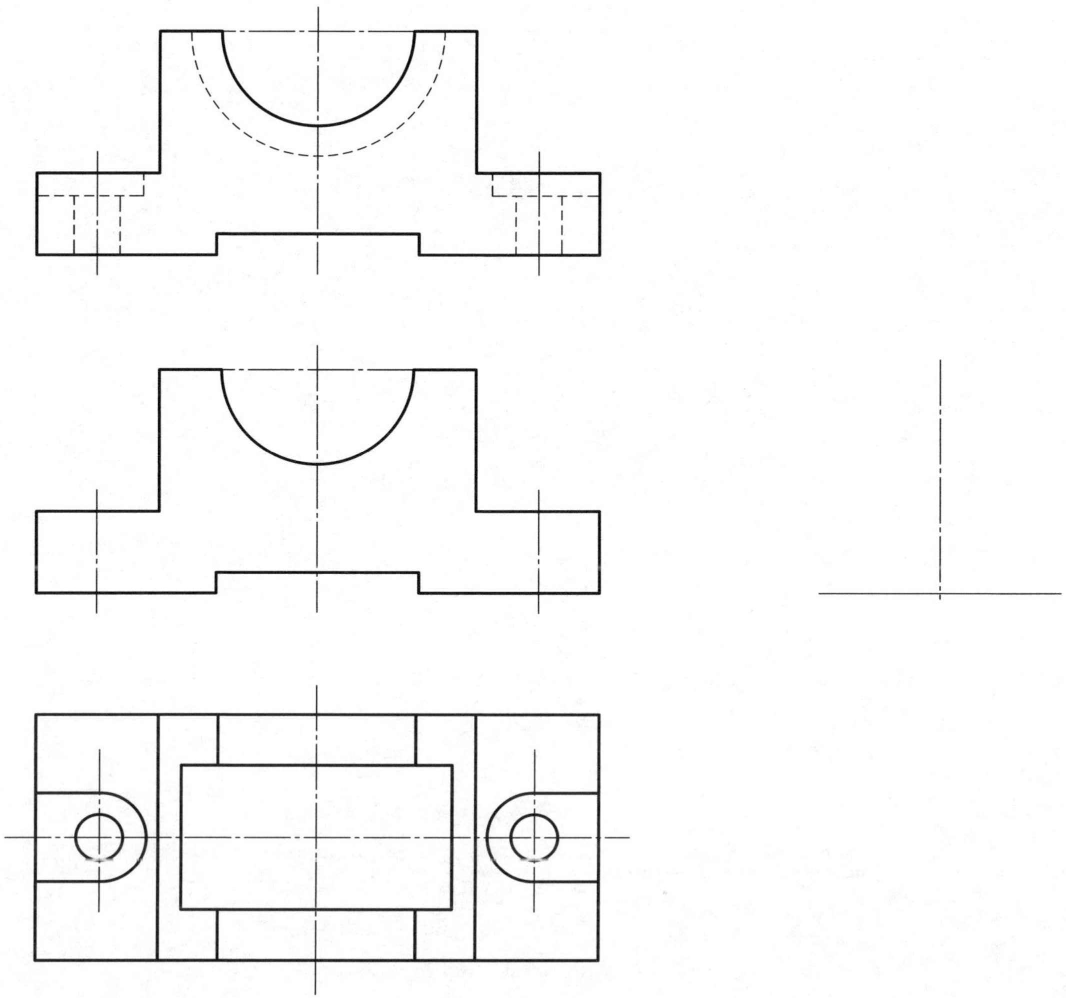

5-9 画出半剖的左视图。

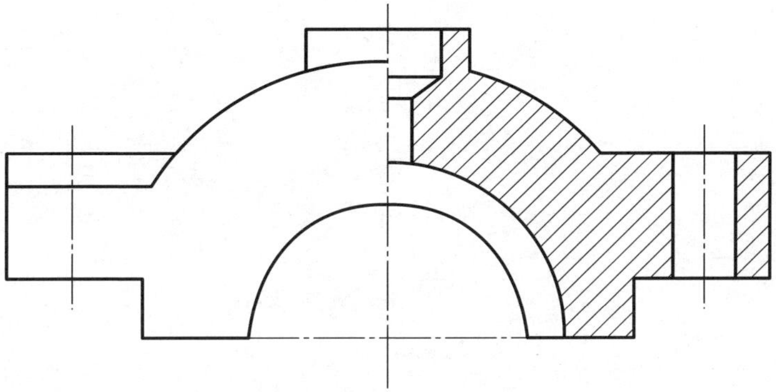

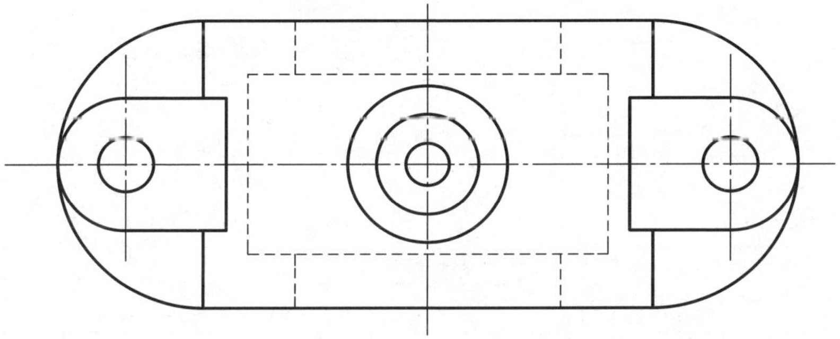

 班级 姓名 学号

5-10　局部剖视图练习。

(1) 找出局部剖的错误,画出正确的。

①

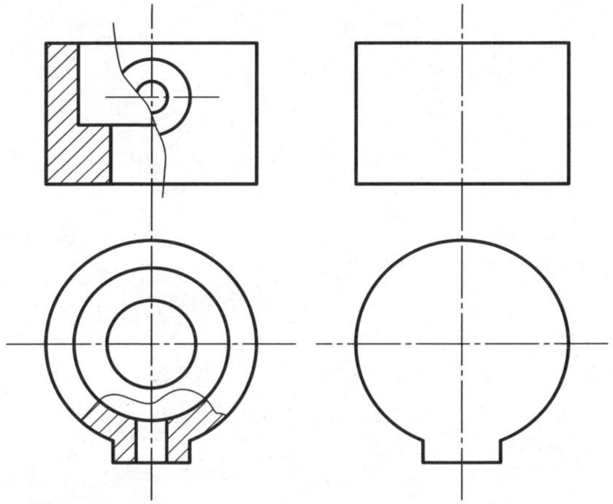

②

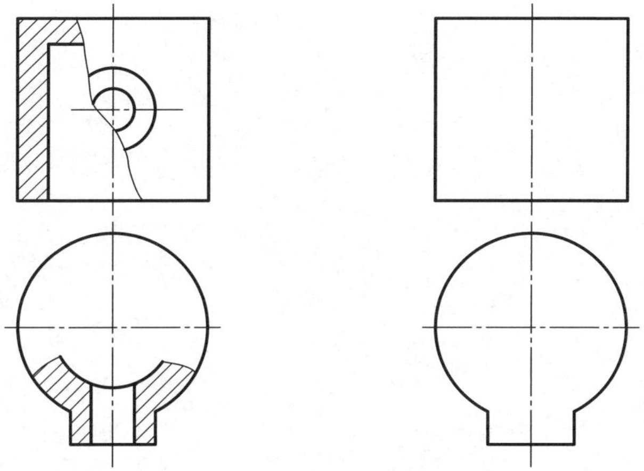

(2) 将主、俯视图做局部剖视。

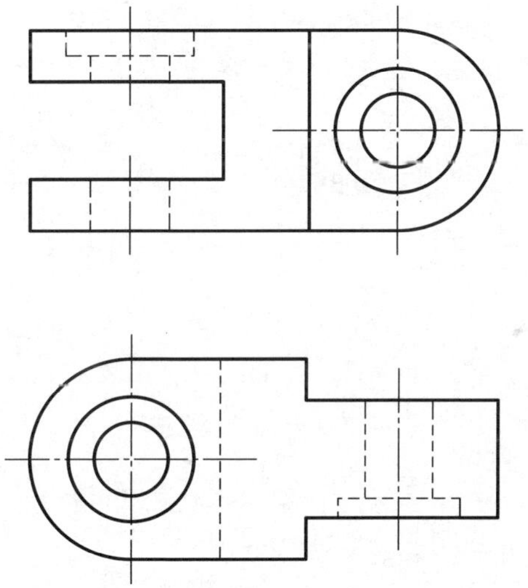

(3) 将主、俯视图做局部剖视。

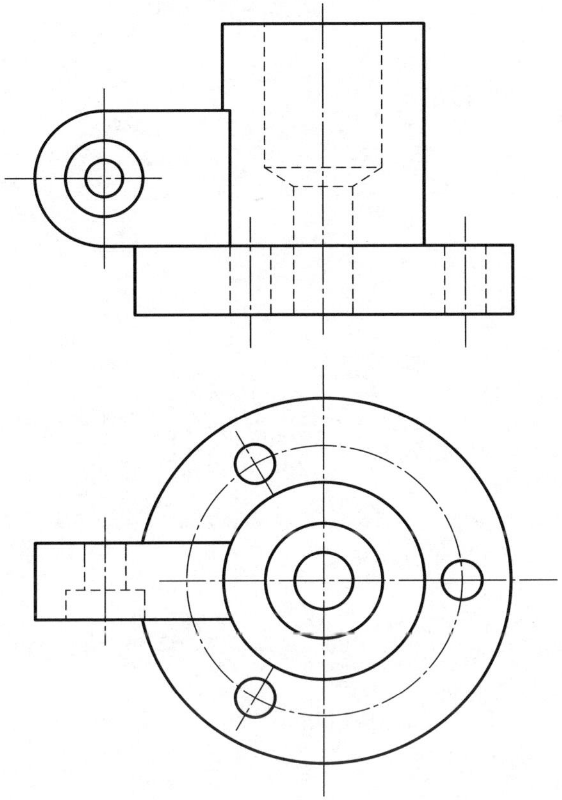

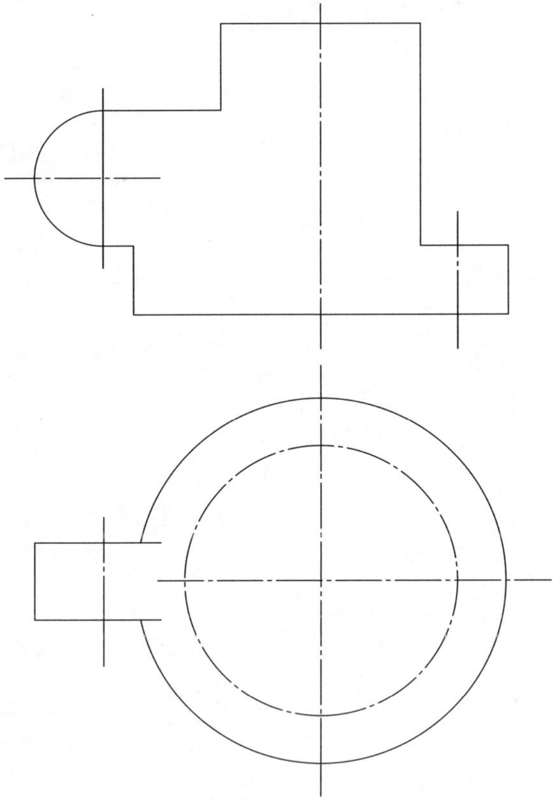

5-11 阶梯剖视图练习。

(1)

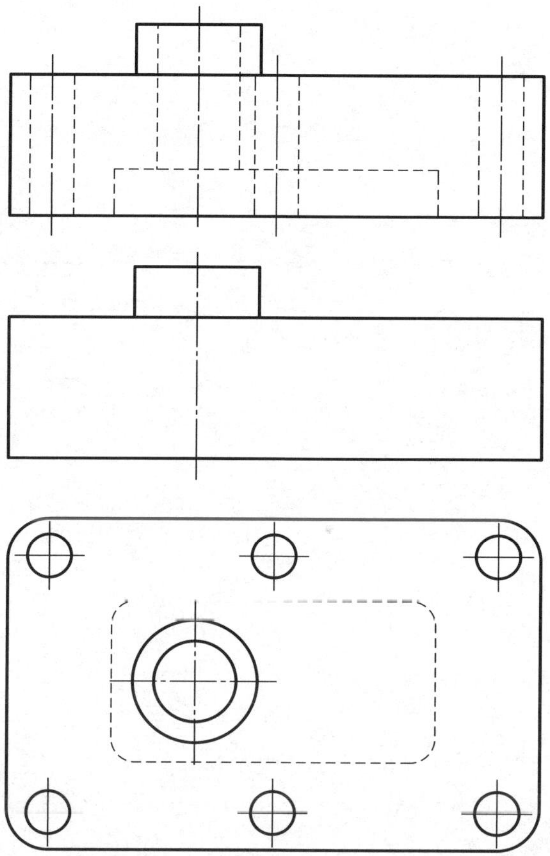

(2)

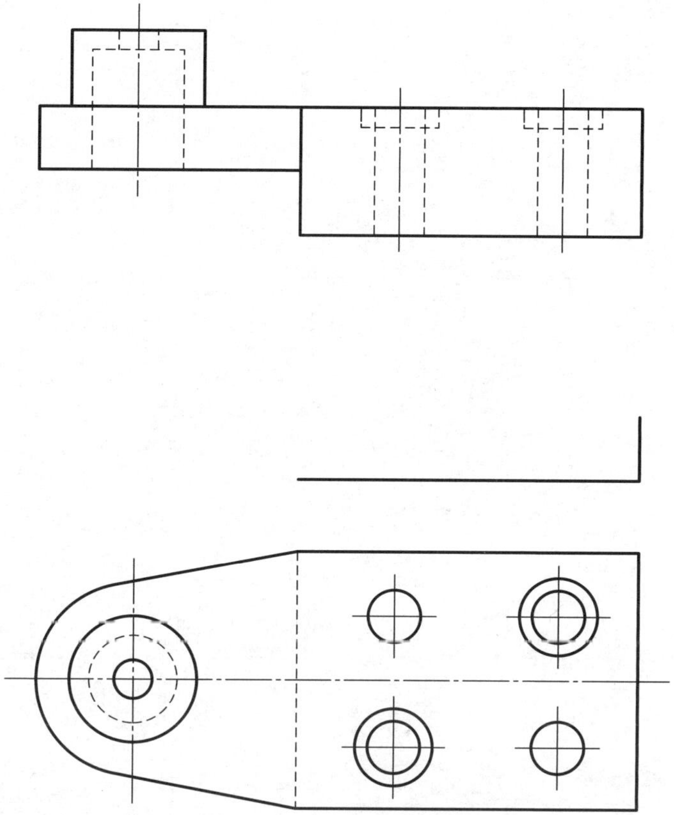

班级 姓名 学号

5-12　将主视图画成旋转剖。

(1)

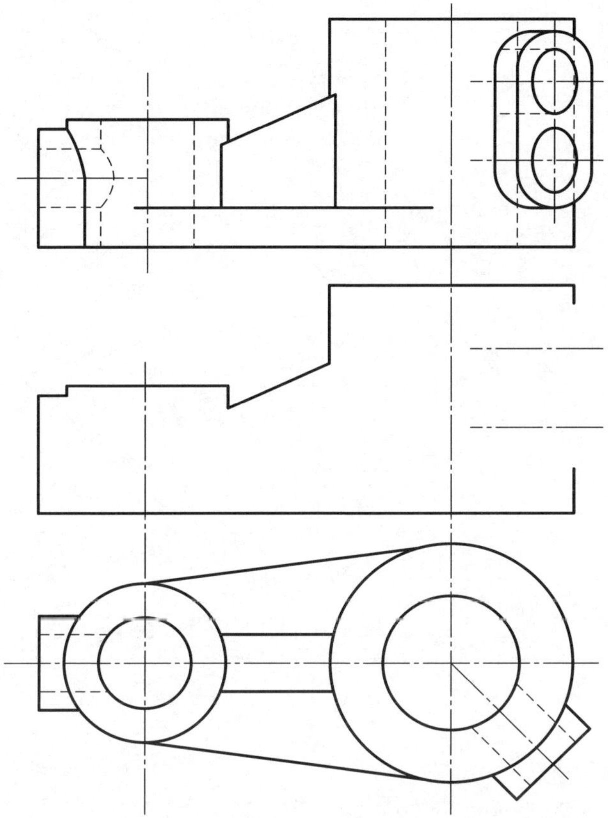

(2)

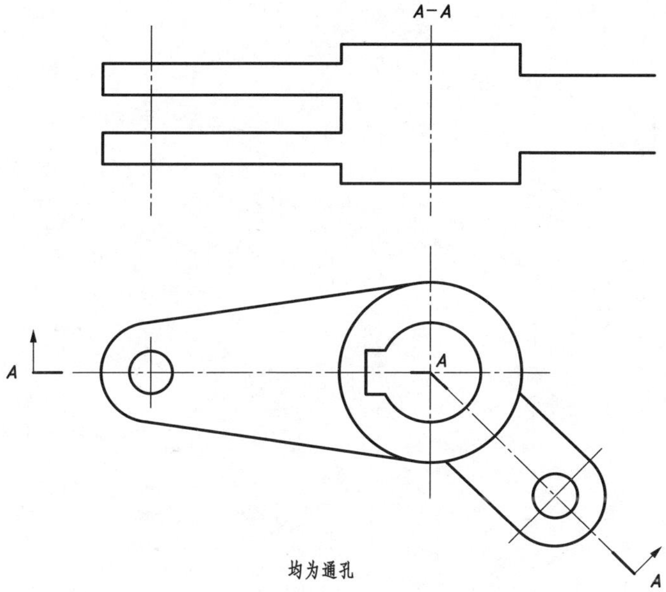

　班级　　姓名　　学号

5-13 复合剖视图练习。

(1)

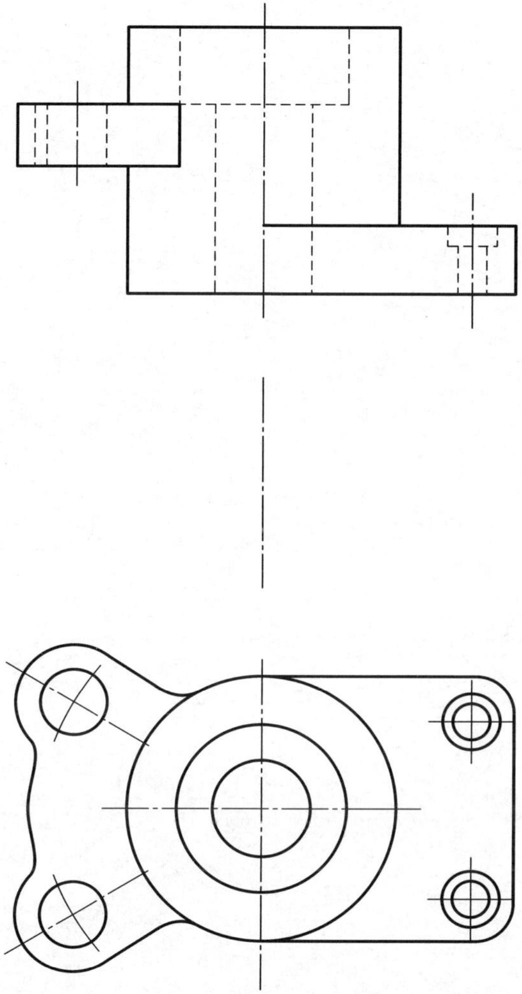

(2)

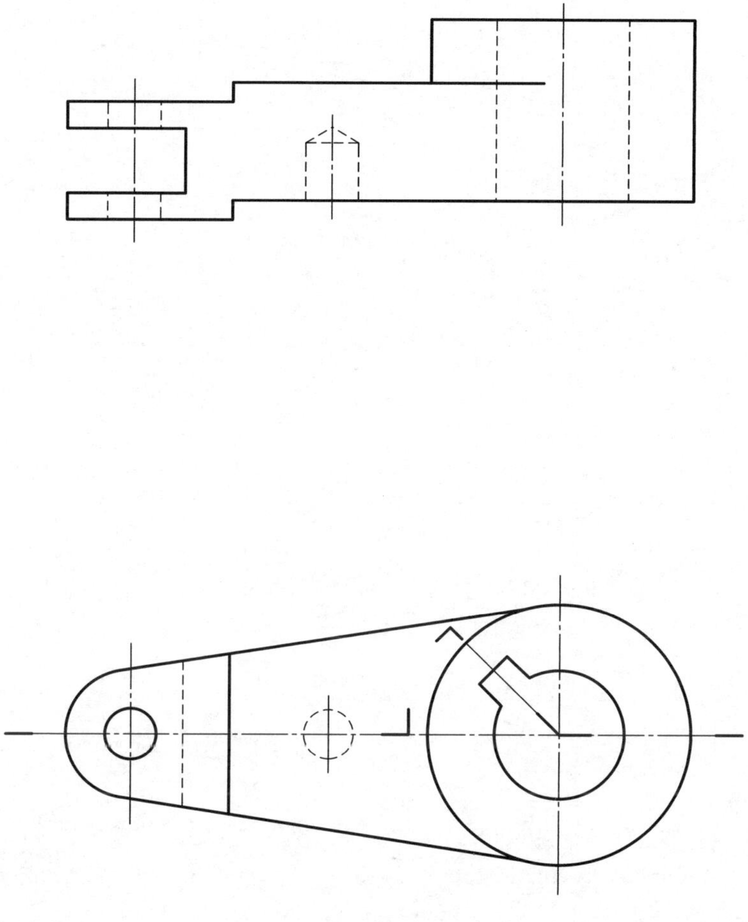

 班级 姓名 学号

5-14　断面图练习。

1) 找出正确的移出断面图。

(1)

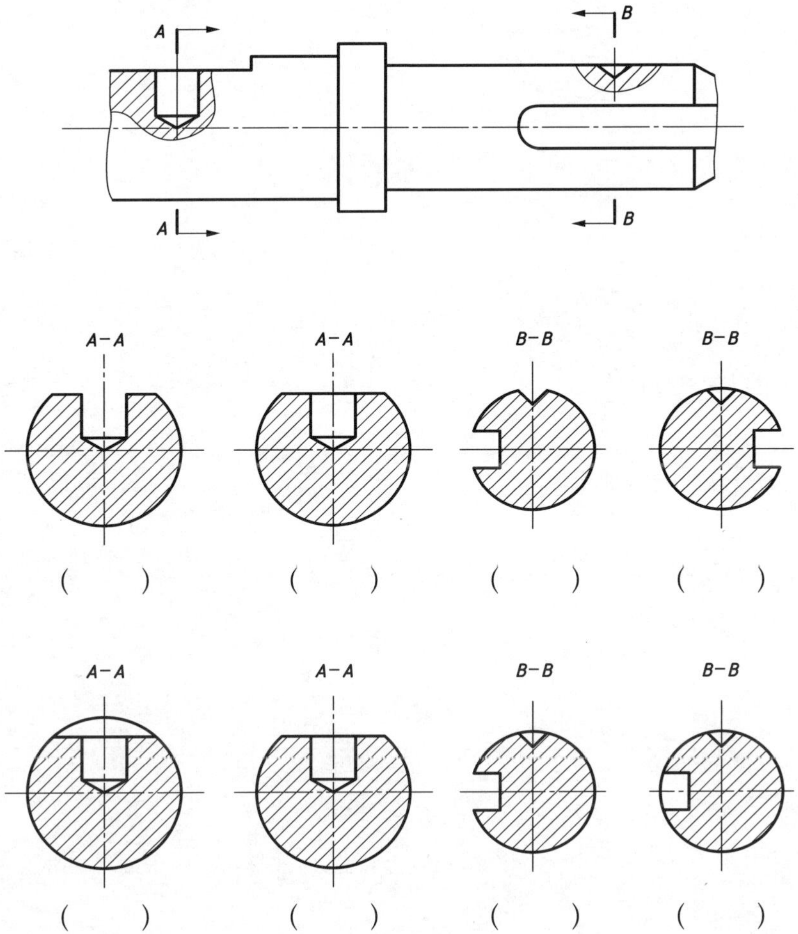

(2)

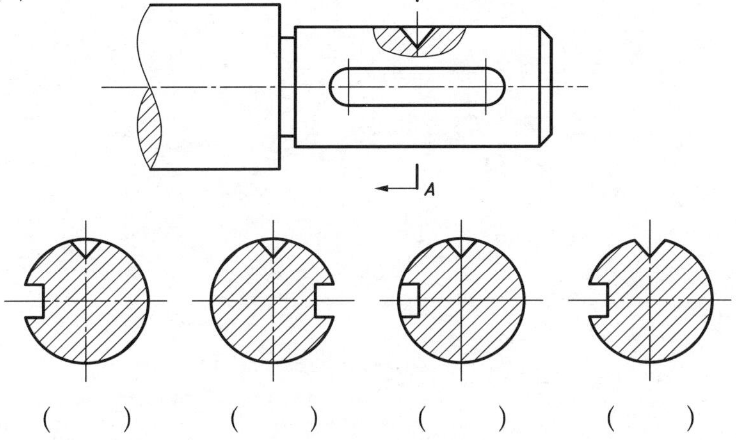

(3)

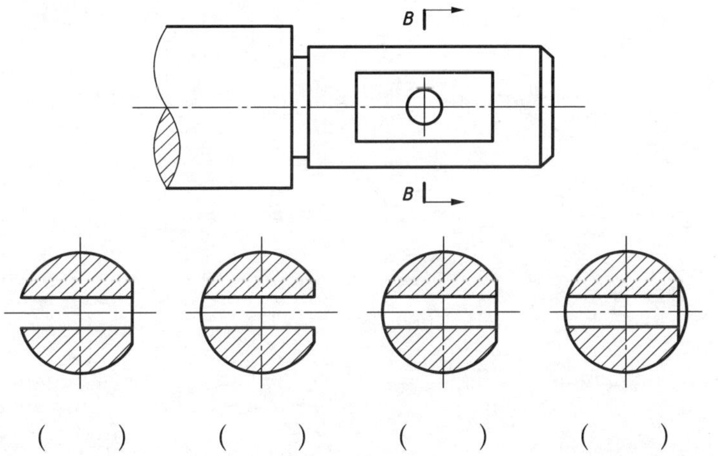

班级　　　　　　姓名　　　　　　学号

2）指出图中错误，并加以改正。

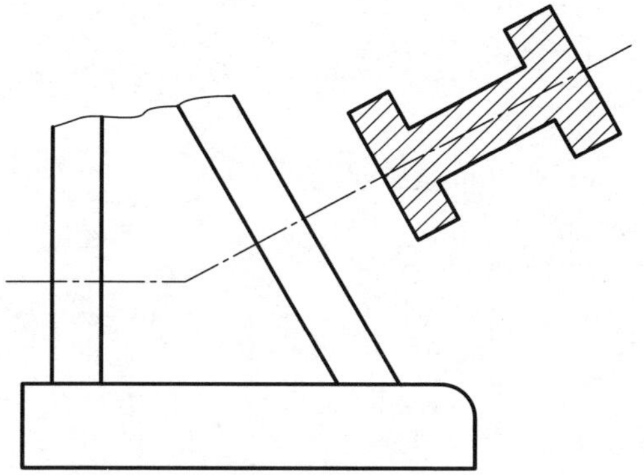

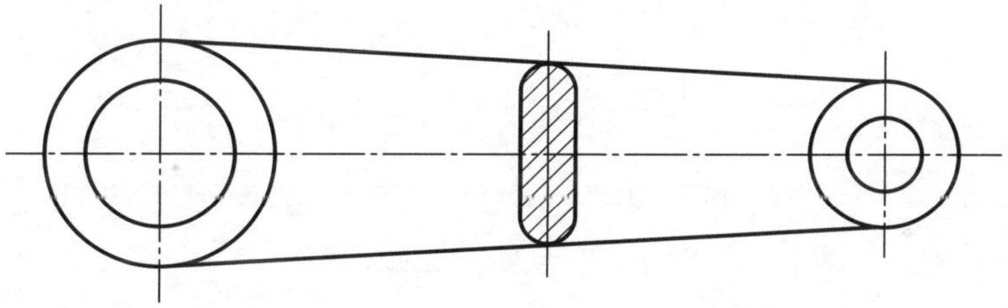

3）画出$A-A$、$B-B$断面图。

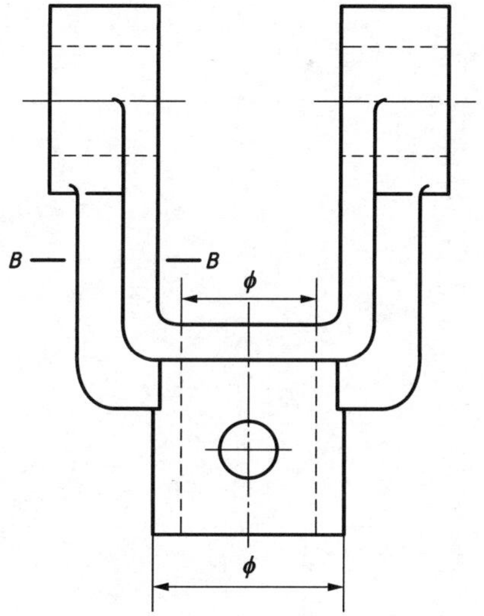

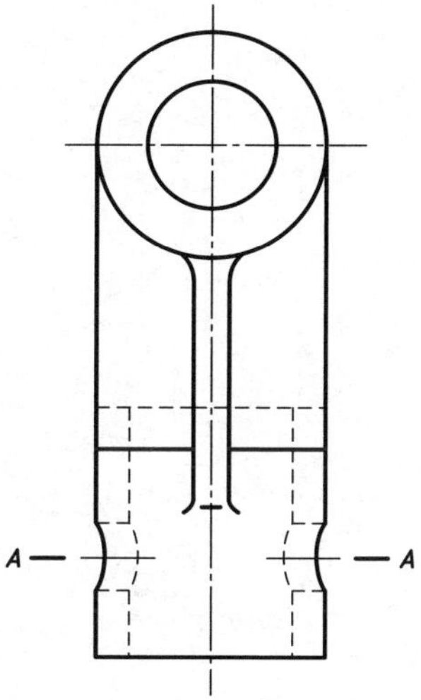

B–B

A–A

5-15 画出指定位置的断面图(左边键槽深5 mm,右边键槽深3 mm)。

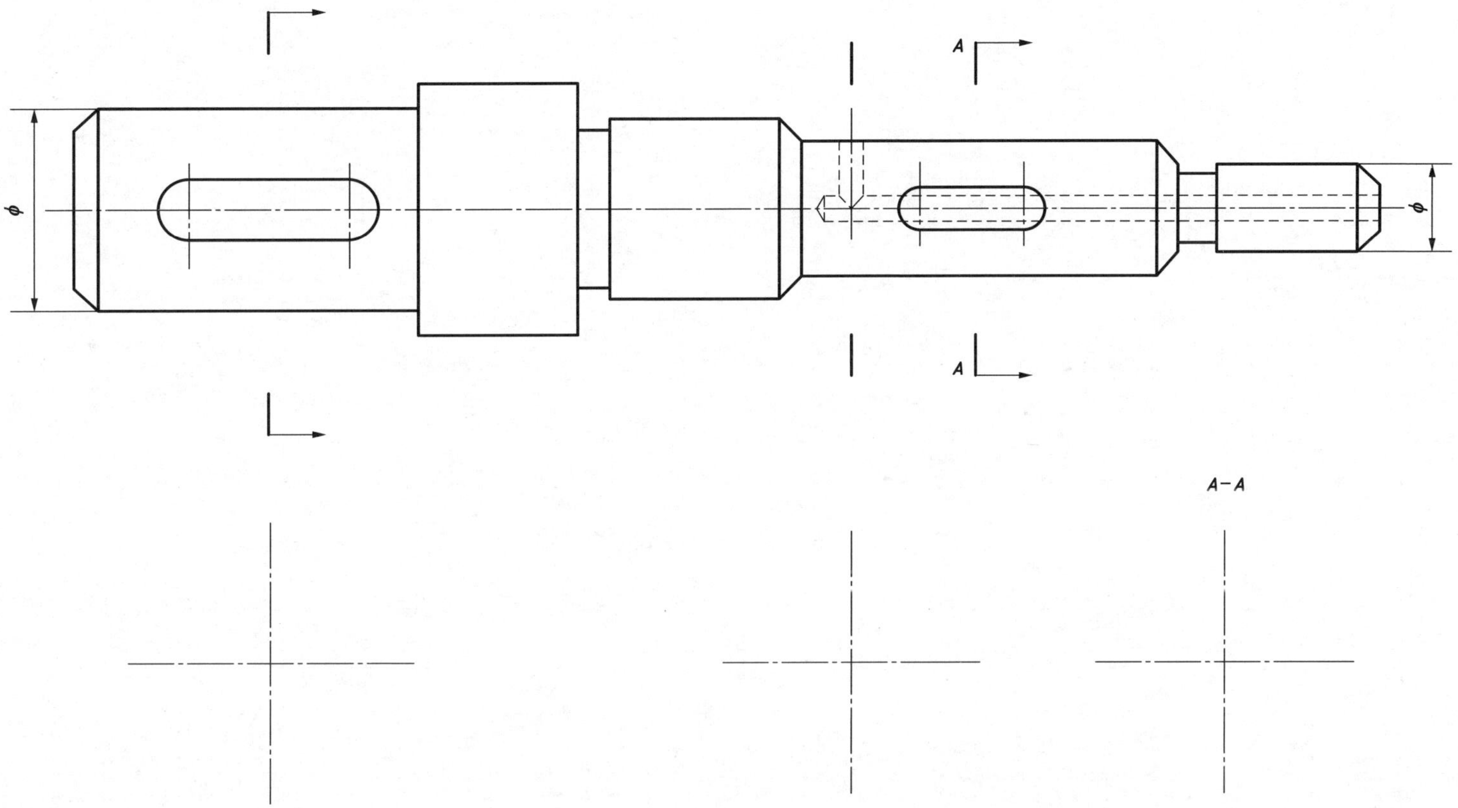

 班级 姓名 学号

5-16　画出重合断面图。

(1)

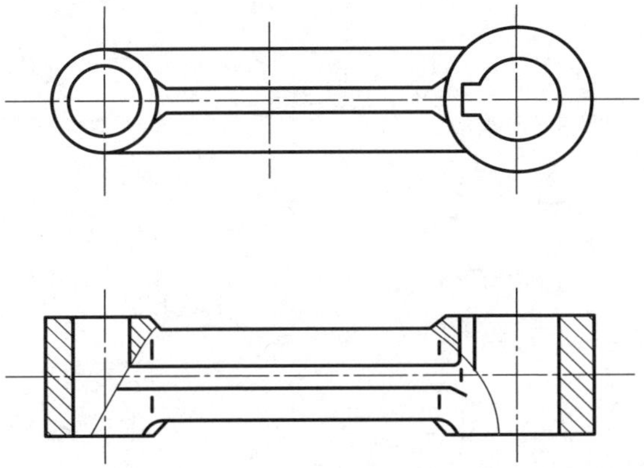

(2)

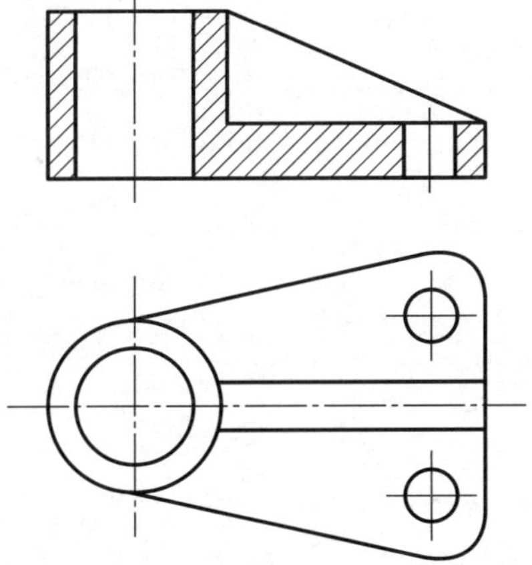

5-17　在指定位置,按2∶1比例画出局部放大图。

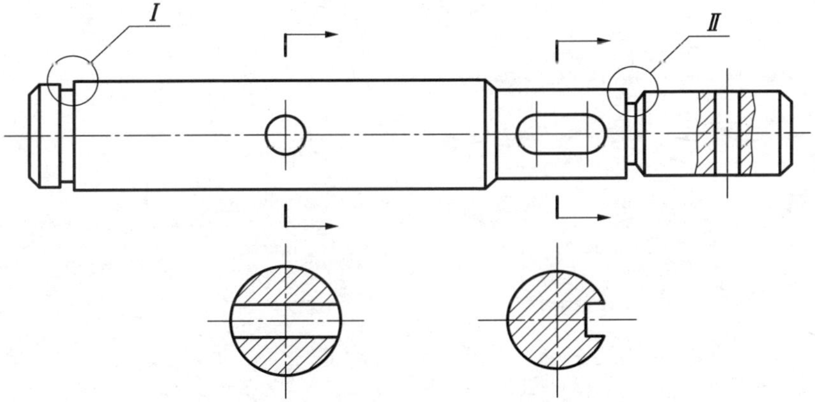

$\frac{I}{2:1}$　　　　$\frac{II}{2:1}$

班级　　　　姓名　　　　学号

5-18 简化画法练习。

(1)

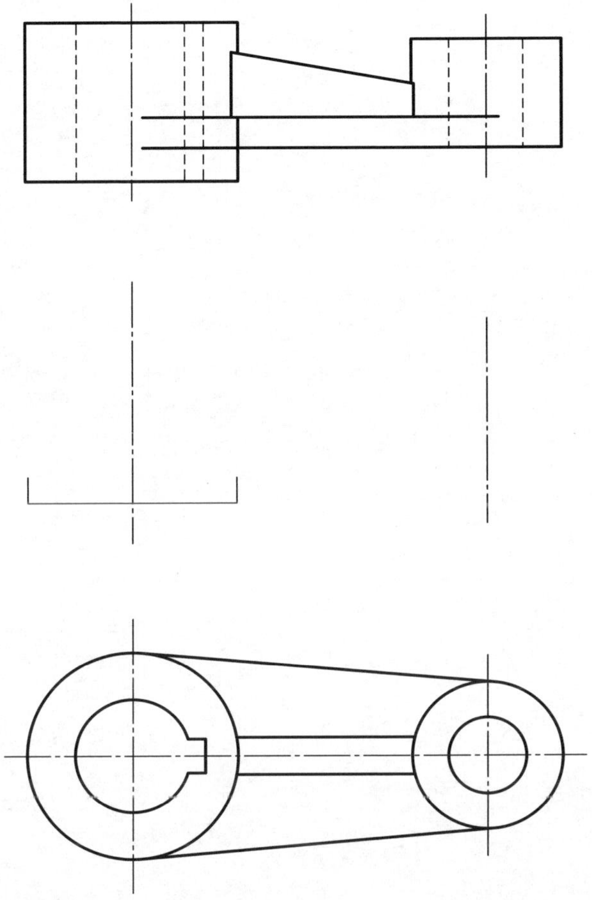

(2)

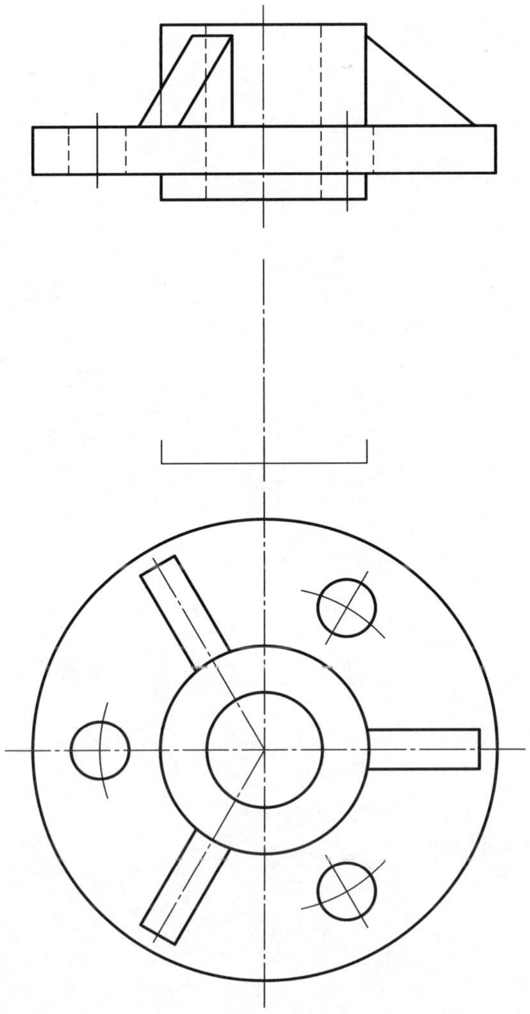

 班级 姓名 学号

5-19　用A3图纸，选择适当的视图表达方法，表示以下形体(尺寸按1∶1从图中量取)。

(1)

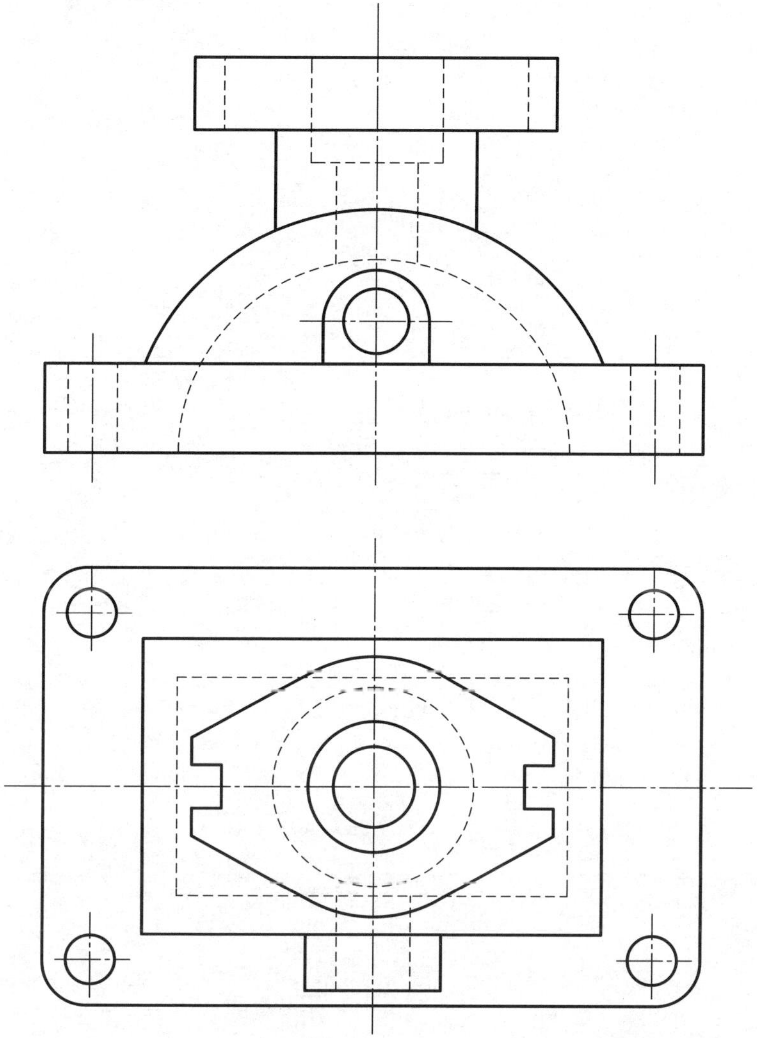

(2)

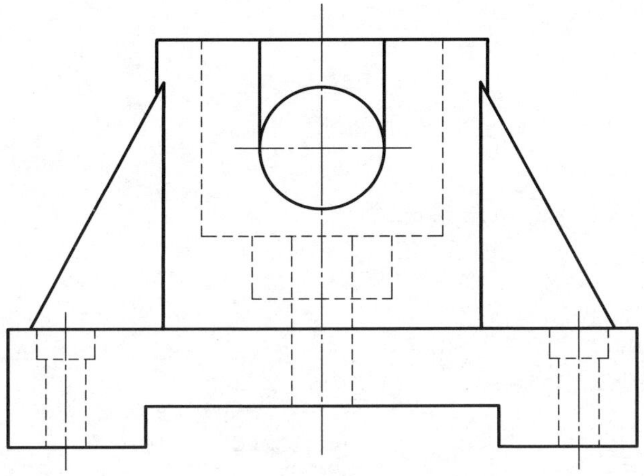

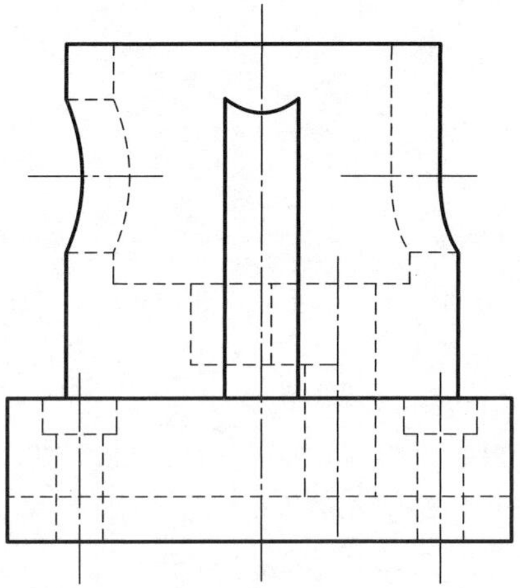

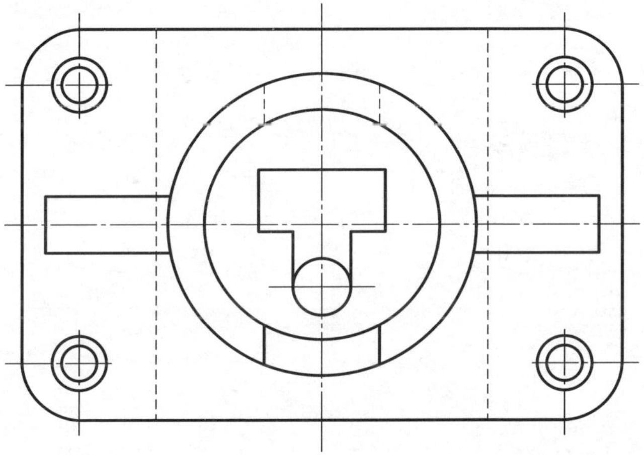

班级　　　　姓名　　　　学号

5-20 用A3图纸，选择适当的视图表达方法，表示以下机件。

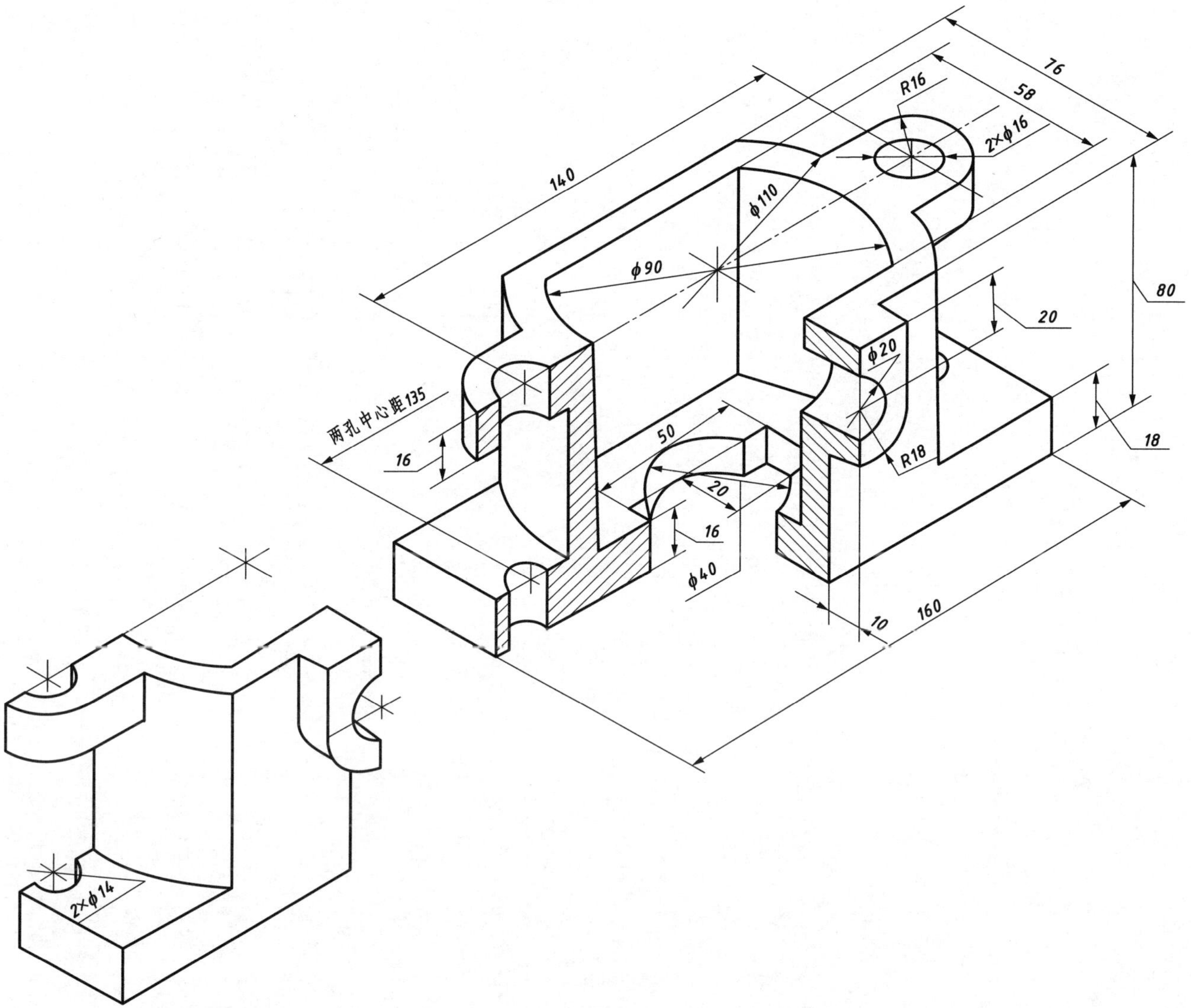

6-1　找出下列螺纹及螺纹连接画法上的错误,并在下方指定位置画出正确的图。

(1) 内螺纹。

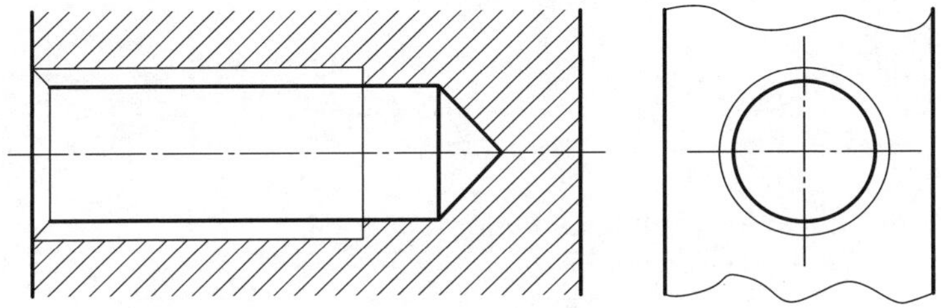

(2) 内外螺纹连接。

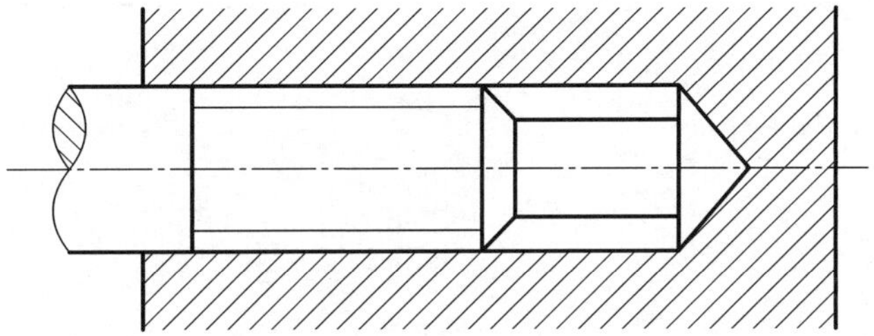

　班级　　姓名　　学号

6-2 按规定画法绘制螺纹的主、左视图。

(1) 大径为M20的外螺纹,杆长40,螺纹长30,倒角$C2$。

(2) 大径为M20的内螺纹,钻孔深度 40,螺纹深度30,倒角$C2$。

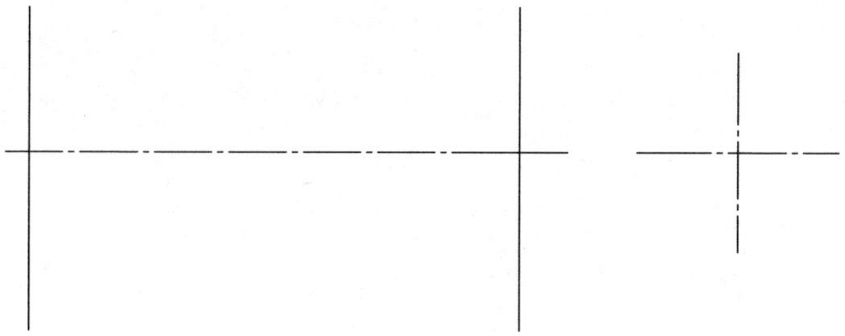

6-3 在各图中按给定的螺纹要素，标注螺纹的规定标记。

(1) 粗牙普通螺纹,公称直径20,螺距2.5,左旋,中径公差带代号5g,顶径公差带代号6g,中等旋合长度。

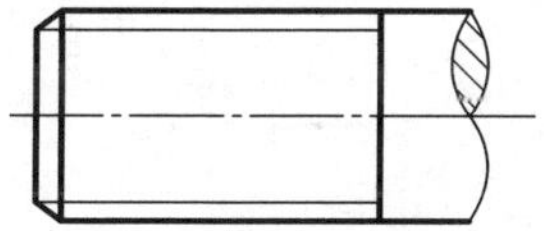

(2) 细牙普通螺纹,公称直径20,螺距1,右旋,中径公差带代号5g,顶径公差带代号6g,中等旋合长度。

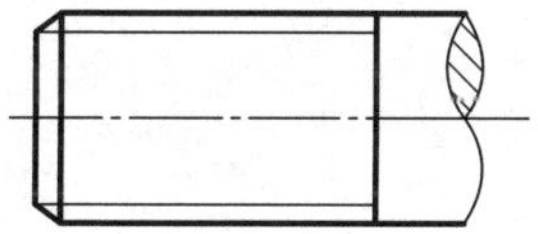

(3) 梯形螺纹,公称直径40,螺距7,导程14,左旋,中顶径公差带代号相同,均为6H。

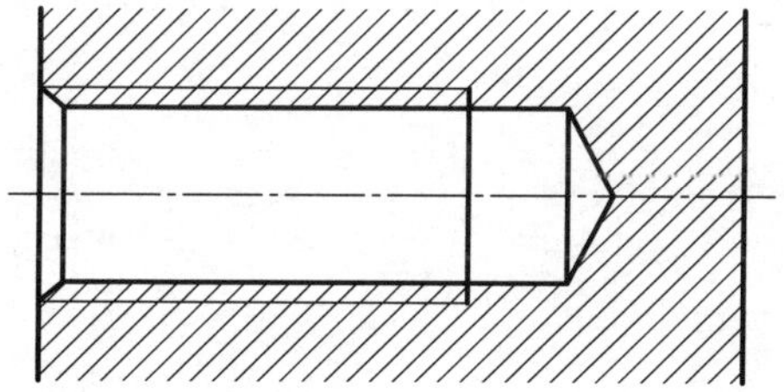

6-4 解释螺纹标记的意义。

螺纹标记	螺纹种类	螺纹大径	螺距	导程	线数	旋向	中顶径公差带代号	旋合长度代号
M20 LH-5H-S								
M10×1.5-5g6g								
B40×14(P7)LH-8H-L								
Tr32×6LH								

6-5 分析螺栓连接视图中的错误,并将正确的视图画在右边。

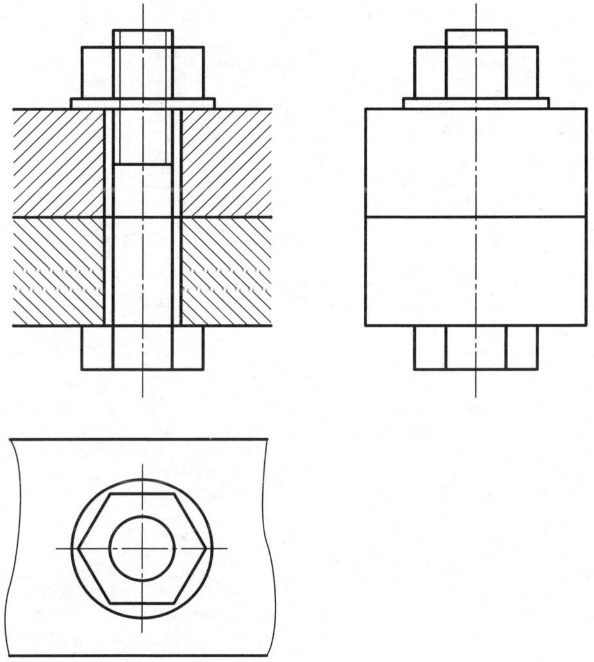

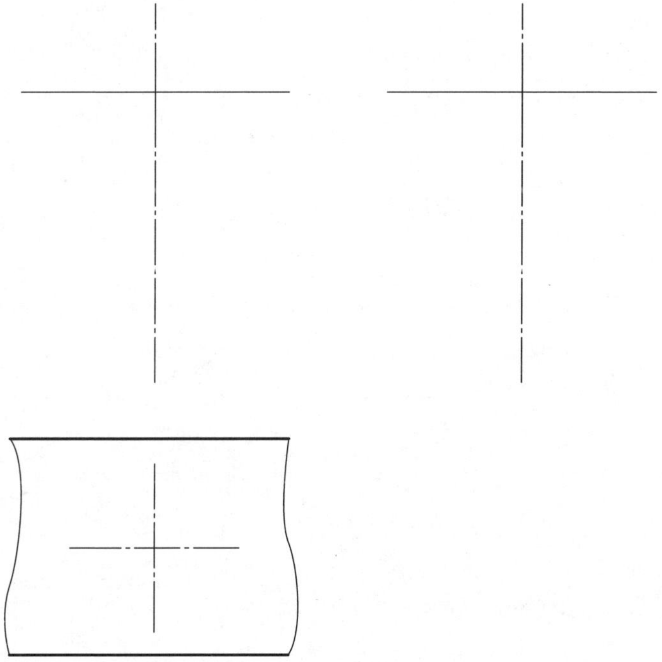

 班级 姓名 学号

6-6 已知双头螺柱连接，较薄被连接件厚度$t=20$ mm，较厚被连接件材料为铸铁；螺柱GB/T 898 M16×L(L根据计算值查表，取标准值)；螺母GB/T 6170 M16；垫圈GB/T 93 16。用简化画法，画出双头螺柱连接的主、俯视图，其中主视图画成全剖视图。

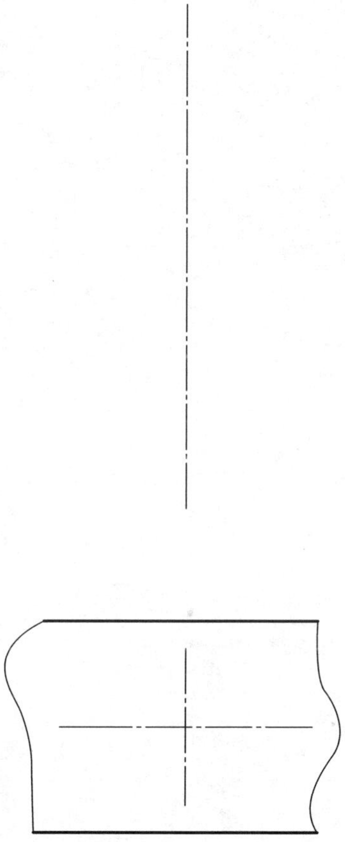

6-7 分析螺钉连接视图中的错误，并将正确的视图画在右边。

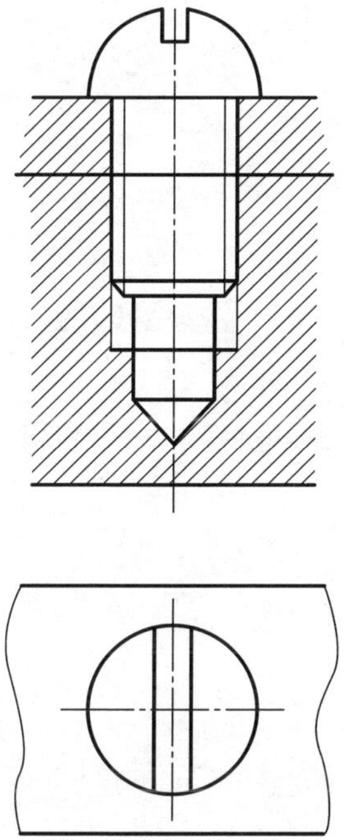

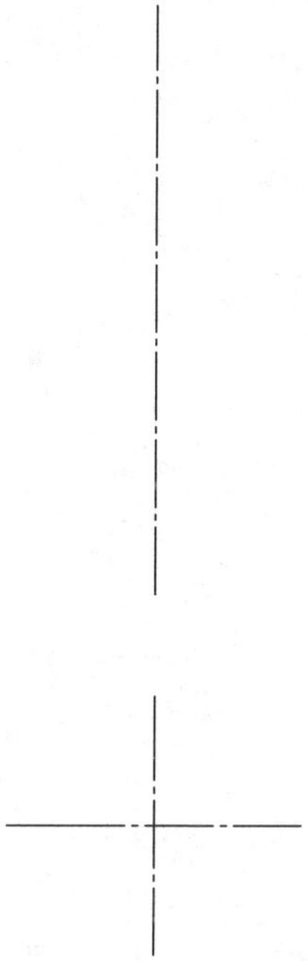

 班级 姓名 学号

6-8　已知直齿圆柱齿轮模数m=3，齿数z=20。要求：

(1) 在空白处计算齿轮的分度圆、齿顶圆和齿根圆直径；

(2) 在主视图中，完成齿轮的轮齿部分图线；

(3) 标注齿顶圆、分度圆和齿根圆直径。

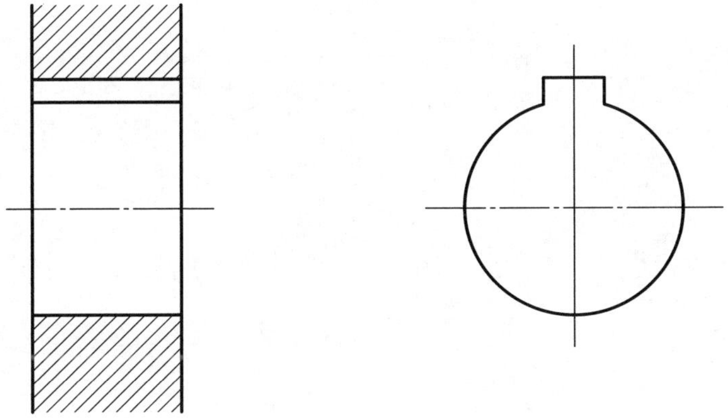

6-9　已知轴上键槽用A型普通平键连接，轴径为20 mm，键长为20 mm，查表确定键槽的尺寸，补齐主视图和断面图中所缺漏的图线；标注直径及键槽尺寸。

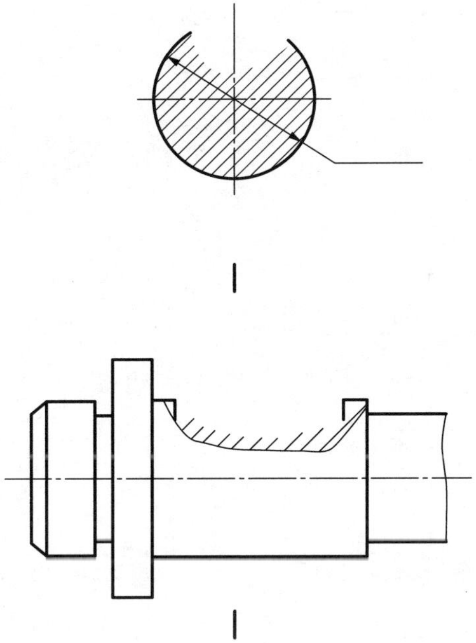

班级　　　　姓名　　　　学号

6-10　看下图齿轮轴,要求完成如下工作(1:1作图):

(1) 在①局部视图位置补全齿轮轴中的轮齿部分图线,并标注齿顶圆、分度圆和齿根圆尺寸(齿轮模数m=2,齿数z=30)。

(2) 在②处绘制$A-A$移出断面图,并标注键槽尺寸(键槽宽度b=8 mm,深度t=4 mm)。

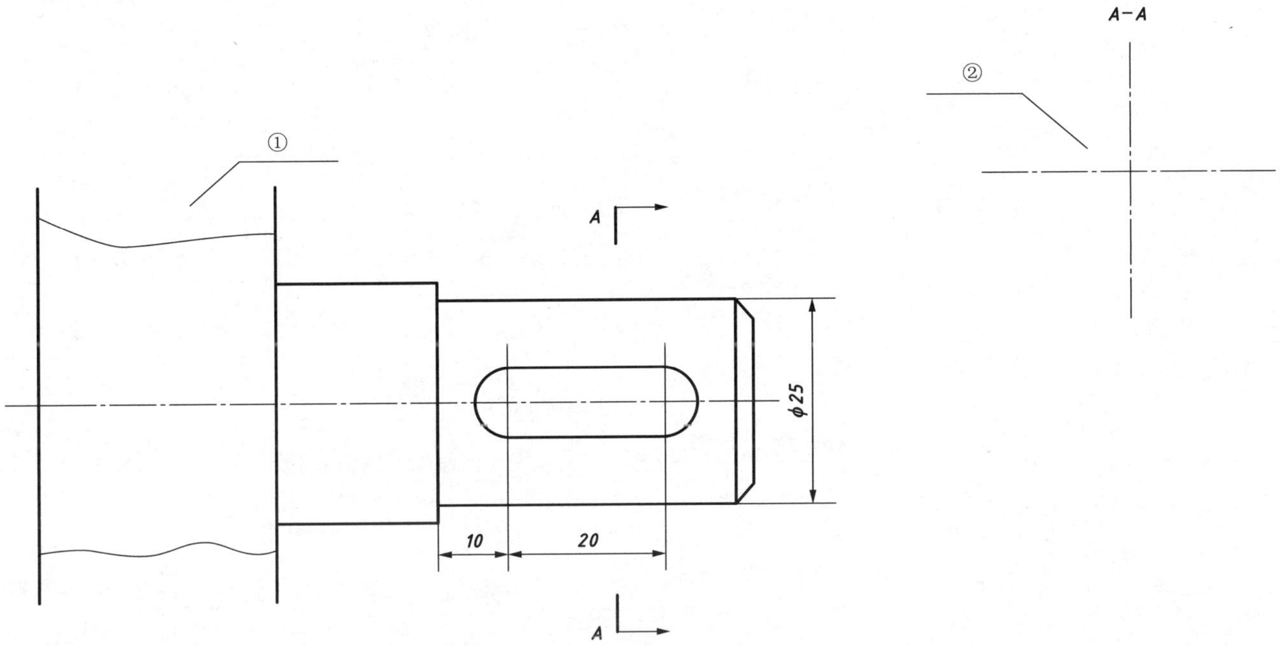

　班级　　姓名　　学号

6-11 已知齿轮上键槽用A型普通平键连接，孔径为20 mm，查表确定键槽的尺寸，补齐主视图和局部视图中所缺漏的图线；标注直径及键槽尺寸。

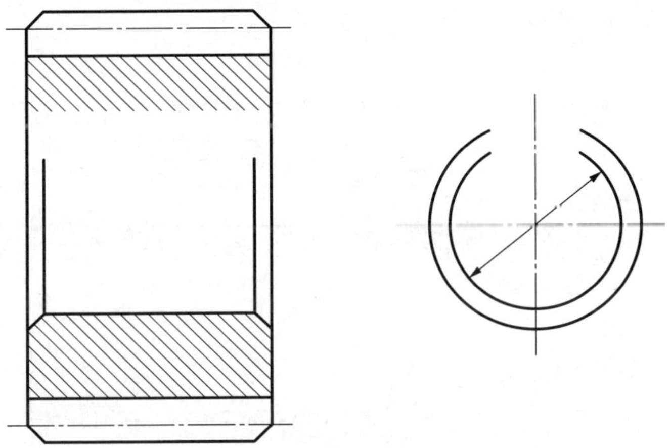

6-12 已知轴用滚动轴承支承，支承段处的直径为25 mm，用规定画法画出滚动轴承的另一侧。

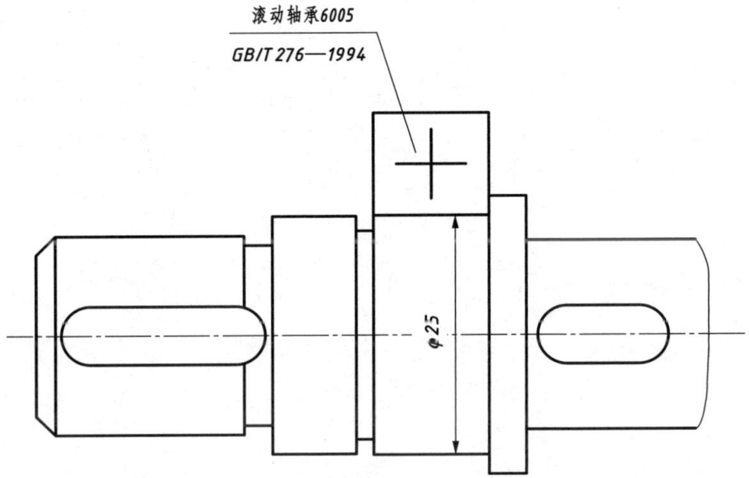

7-1　公差与配合。

已知组件中零件间的配合尺寸如右图所示：

(1) 试说明配合尺寸 $\phi 42\frac{H7}{n6}$ 的意义：

① $\phi 42$表示________。

② n表示________。

③ 此配合是______制______配合。

④ 6、7表示________。

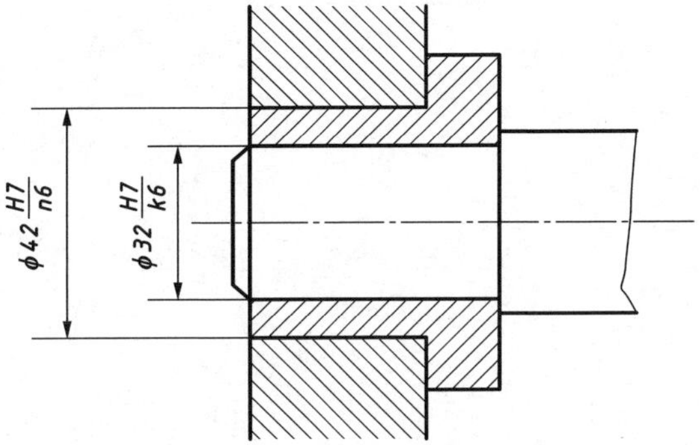

(2) 根据装配图中所注的配合尺寸，分别在相应的零件图上注出基本尺寸和偏差数值。

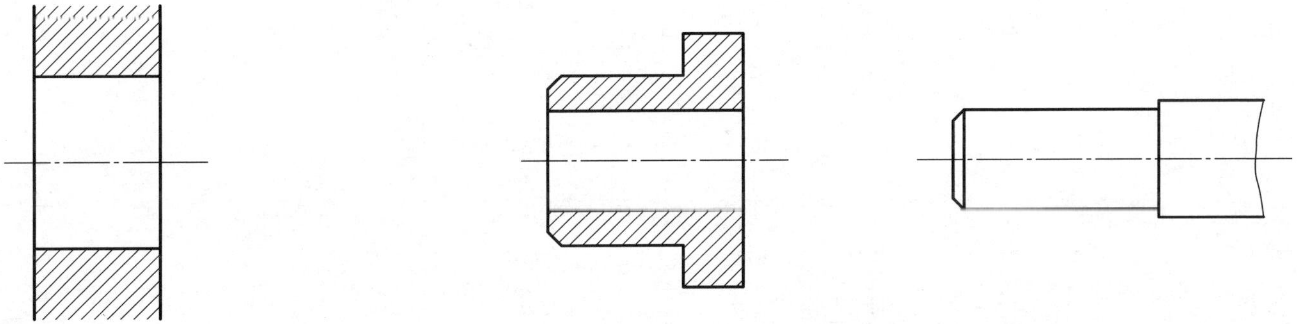

7-2 表面粗糙度标注。

(1) 圈出不正确的标注，在下图中按新标准进行正确的标注。

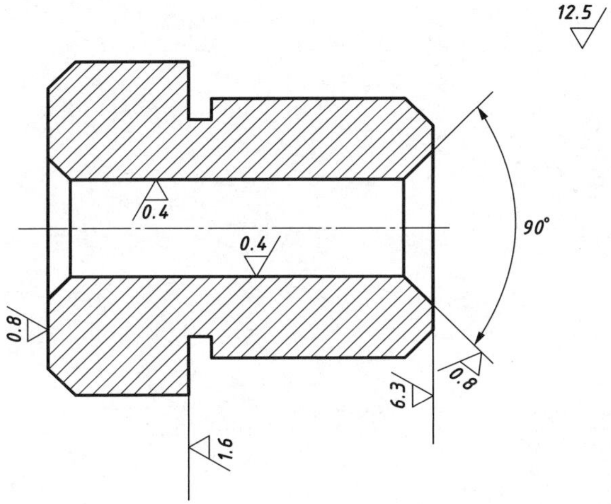

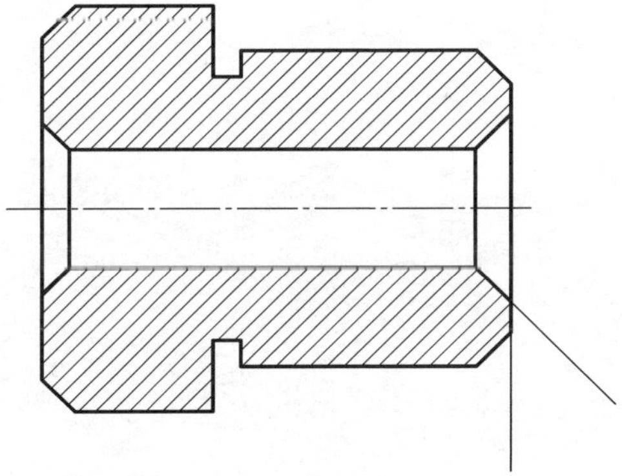

(2) 将给出的各表面粗糙度要求标注在图中。

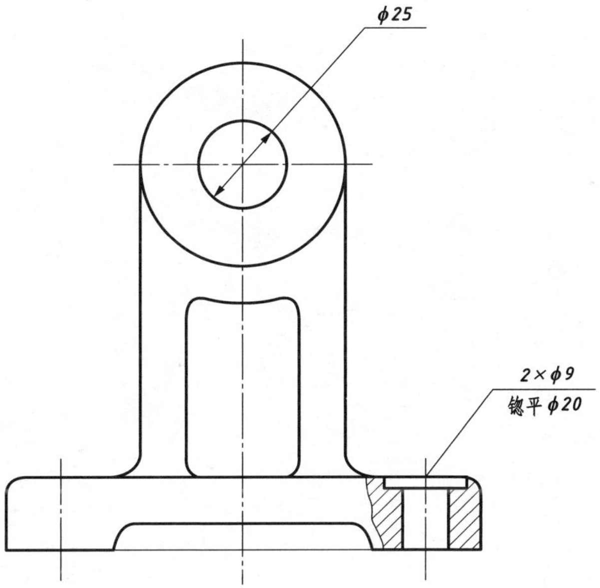

① ϕ25圆柱面为 √Ra3.2。

② 底平面为 √Ra12.5。

③ $\dfrac{2\times\phi 9}{锪平\phi 20}$ 为 √Ra25。

④ 其余表面全为非加工面。

 班级 姓名 学号

7-3　读零件图回答问题。

(1) 从动轴用______个图形表达，有______视图，两个______图和一个______图。

(2) 从动轴中______个轴段标注极限偏差数值，ϕ______将与滚动轴承配合，ϕ______与ϕ______与齿轮配合，它们的粗糙度分别是______、______。

(3) 轴右端键槽长度是______，宽度是______，深度是______，键槽定位尺寸是______。

(4) 用符号↘指出从动轴的轴向和径向主要基准。

(5) 左端ϕ30圆柱体轴线对右端ϕ30圆柱体轴线基准A的同轴度公差为ϕ0.02，在图中标注该几何公差。

(6) 图中粗糙度要求最高的表面是______，其粗糙度值是______；要求最低的表面数值是______。

(7) 符号 | — | 0.006 | 的含义是______

______。

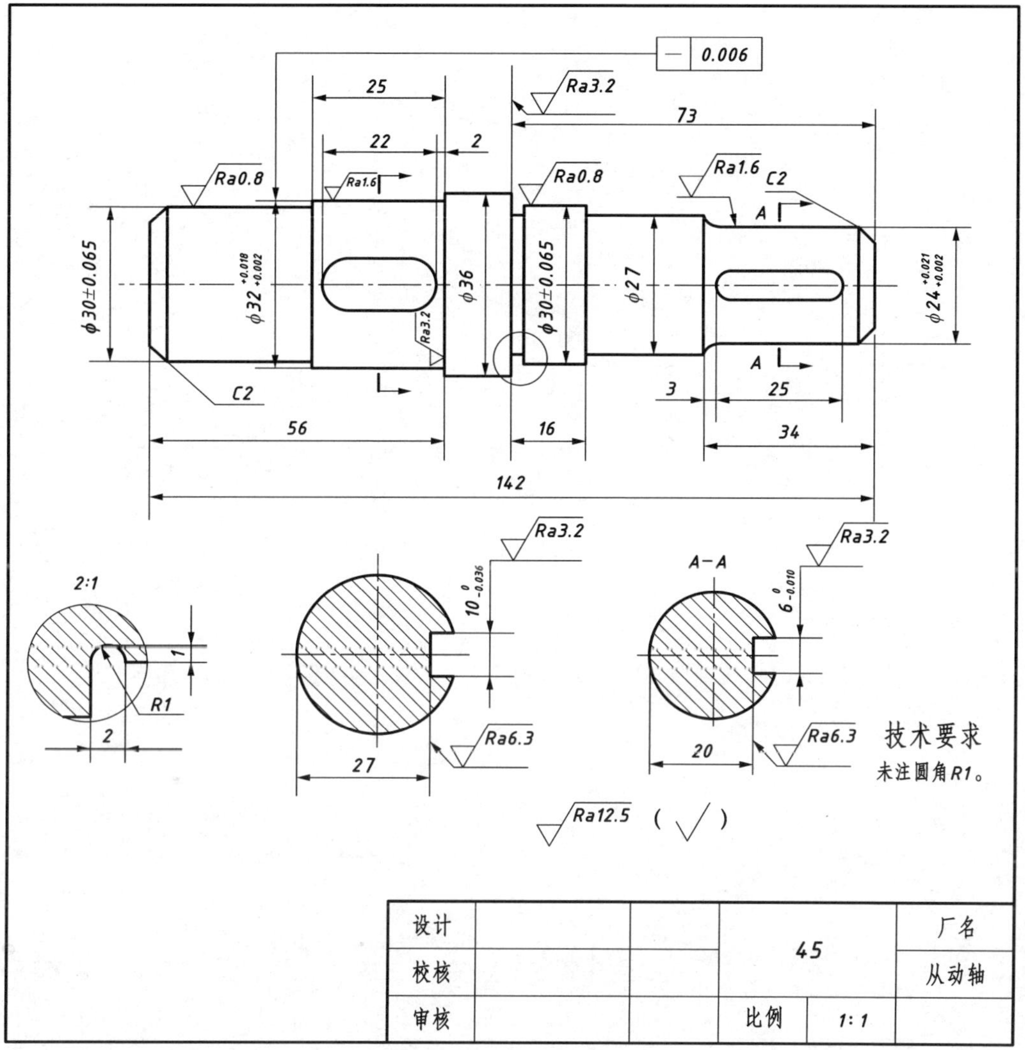

7-4 读零件图回答问题。

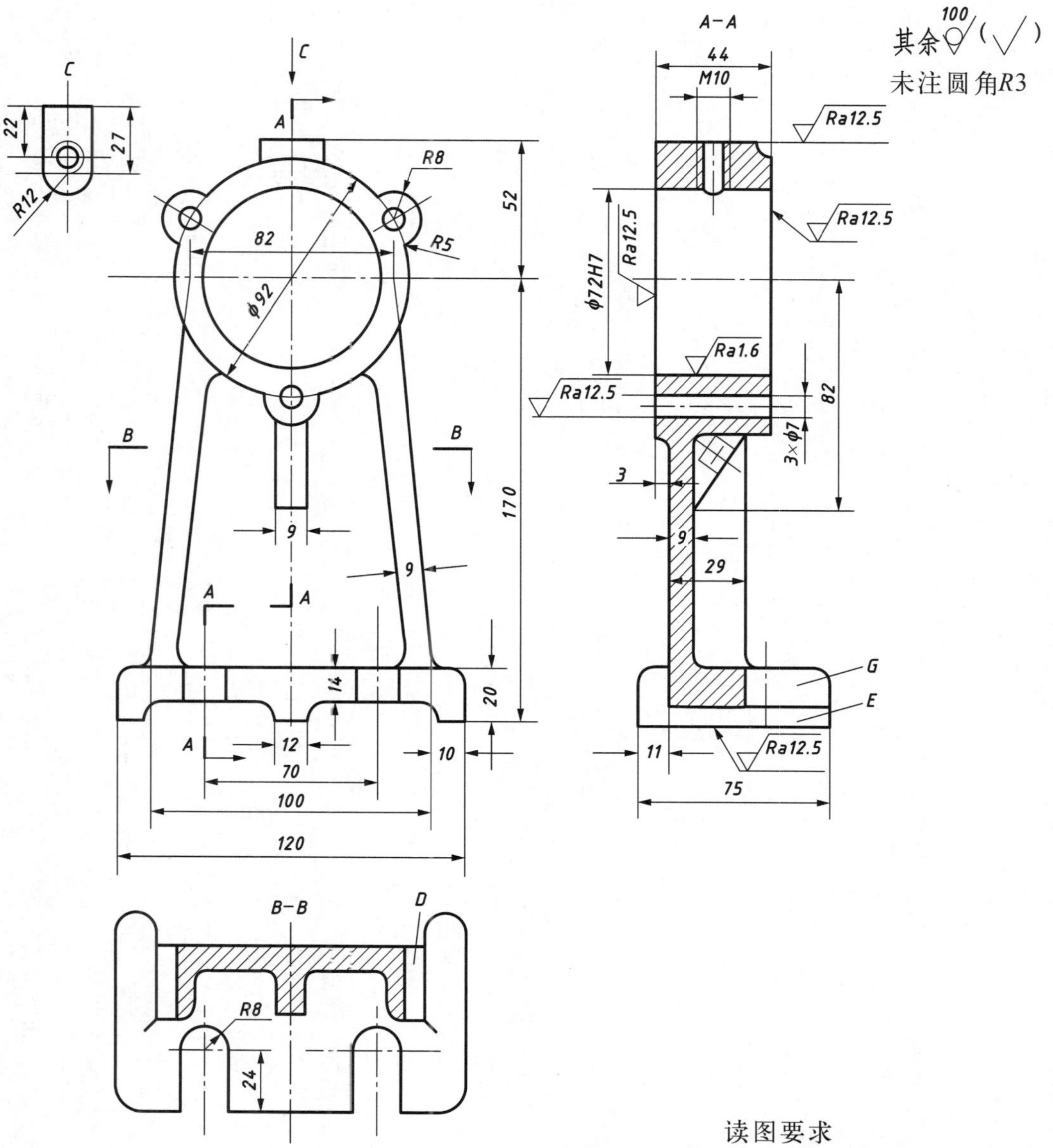

读图要求

(1) 分析支架的形状，说明C视图的作用。

(2) 俯视图为什么要作B-B剖视图?左视图中为什么要画重合断面?

(3) D、E和G处为什么不画剖面线?

(4) 写出φ72孔的定位尺寸。

(5) 该零件的表面粗糙度有几种不同的要求?

			材料	HT150	
支架			件数		
设计			（厂　名）		
制图					
审核					

 班级 姓名 学号

7-5　按下面条件,根据轴测图绘制零件图,要求表达简洁完整,布局匀称,图面整洁,注写规范:

(1) A3图幅横放,比例1∶1。

(2) 零件名称:轴,材料:45;未注倒角$C1.5$,未注圆角$R2\sim R3$。

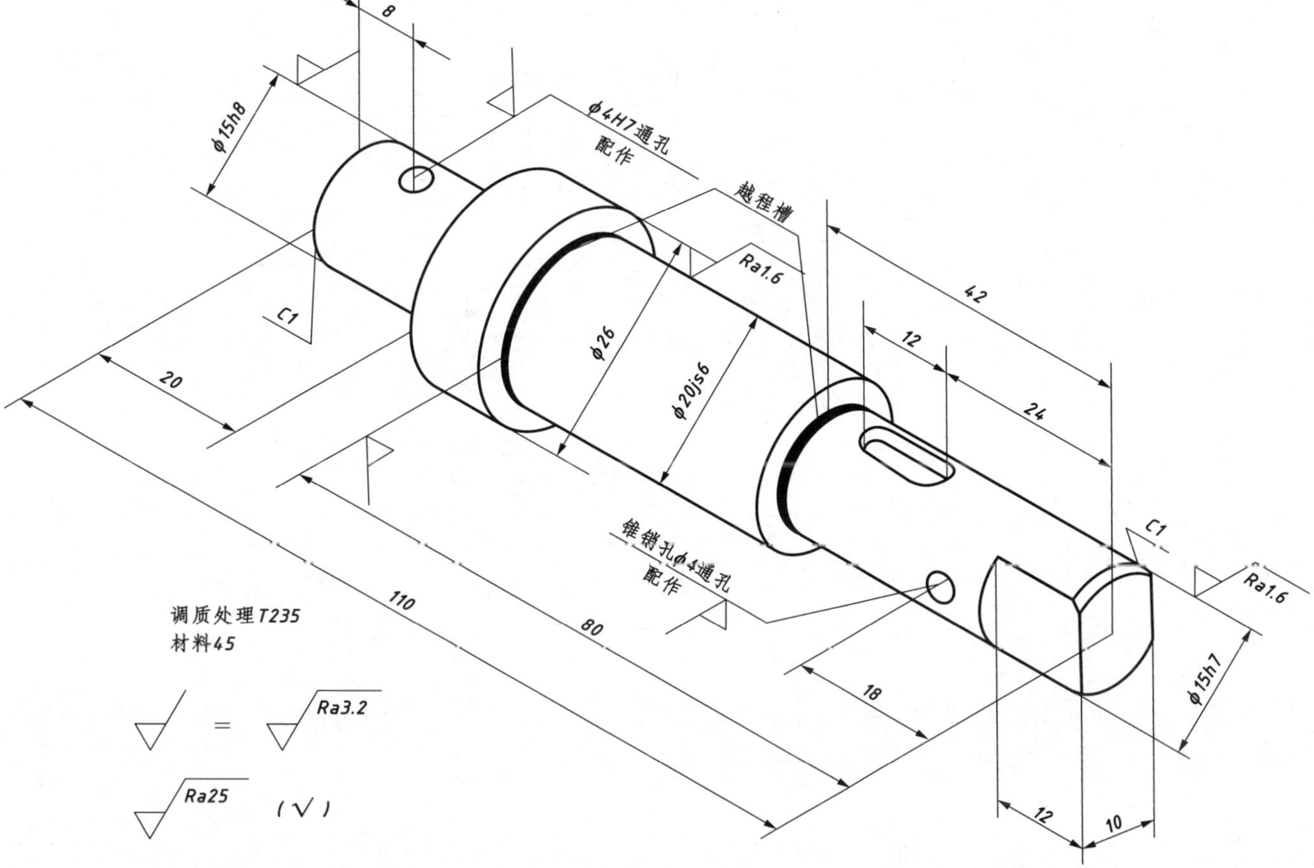

7-6　读钻模装配图。

钻模是用于加工工件的夹具(其装配图见下页)。把工件放在底座1上，装上钻模板2，钻模板通过圆柱销8定位后，再放置开口垫圈5，并用特制螺母6压紧。钻头通过钻套3的内孔，准确地在工件上钻孔。

回答问题

(1) 在主、左视图(见下页)中有用双点画线画的图形，这属于_____画法，画的是_____。

(2) 工件上共钻______个孔，孔的直径是____________。

(3) 件3与件7的作用是____________。

(4) 图中ϕ86、73分别是__________尺寸。

(5) 件4与件7属于___________配合。

(6) 在本页右方上部空白处画出件2的俯视图(尺寸从装配图中量取)。

(7) 件5正确视图的代号(见本页右下图)是____________。

(8) 要取下被加工工件，请按拆卸的顺序依次写出零件序号：

____。

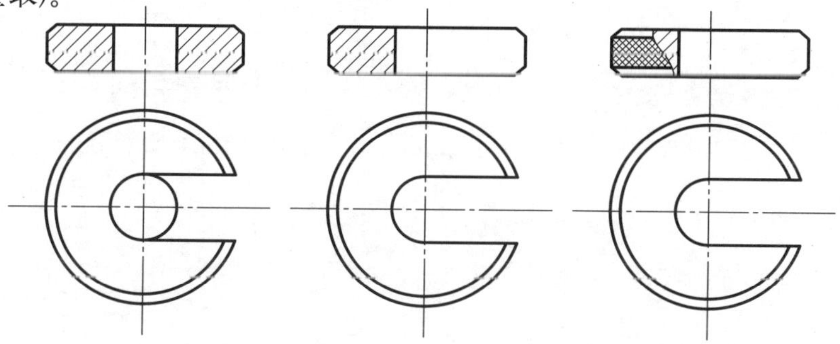

(a)　(b)　(c)

班级　　姓名　　学号

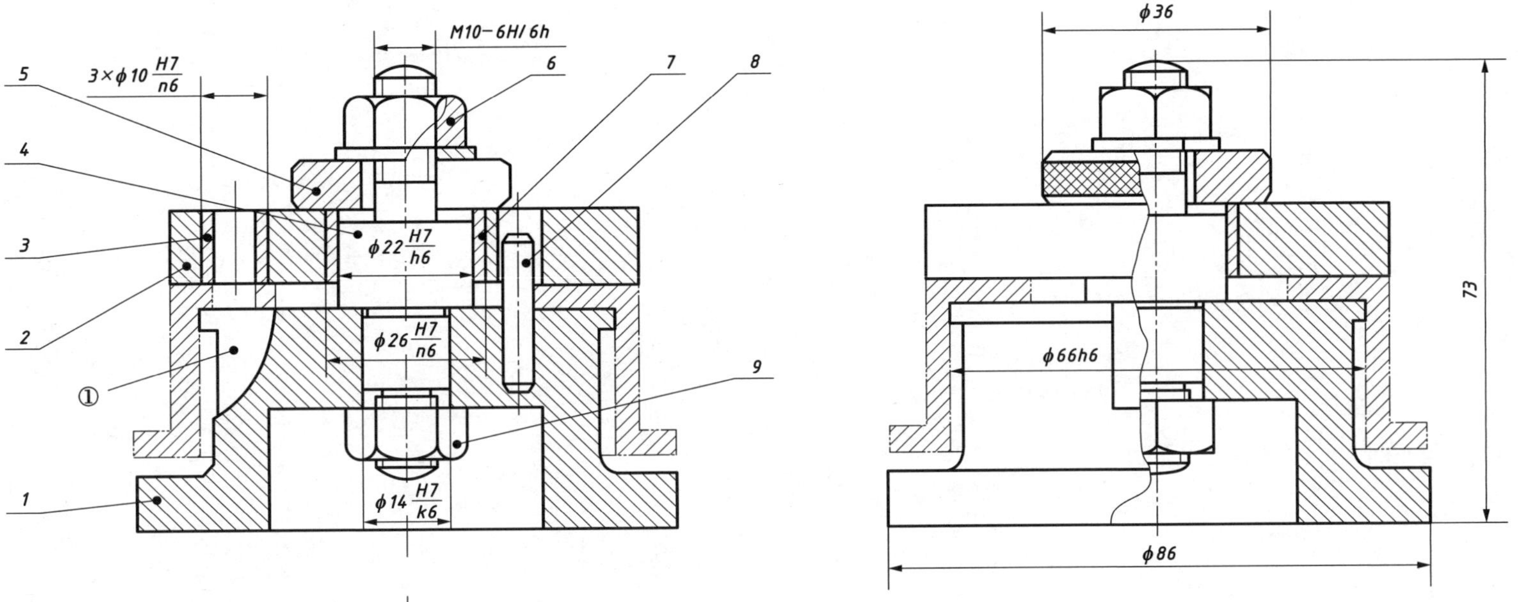

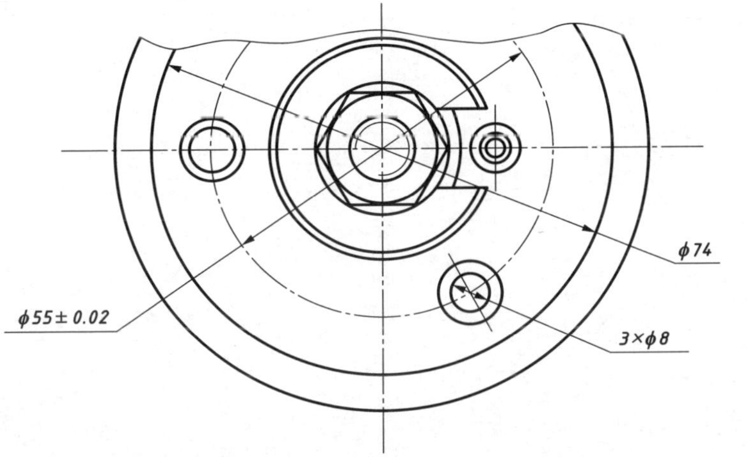

序号	名称	数量	材料	备注
9	六角螺母	1	35	GB/T 6170—2000
8	销A5×26	1	35	GB/T 119.1—2000
7	衬套	1	45	
6	特制螺母	1	35	
5	开口垫圈	1	40	
4	轴	1	40	
3	钻套	1	T8	
2	钻模板	1	40	
1	底座	1	HT200	

钻　模		比例	共　张	（图号）
		质量	第　张	
班级	（班级）	（学号）	（学校）	
制图	（姓名）	（日期）		
审核				

7-7　读阀门装配图。

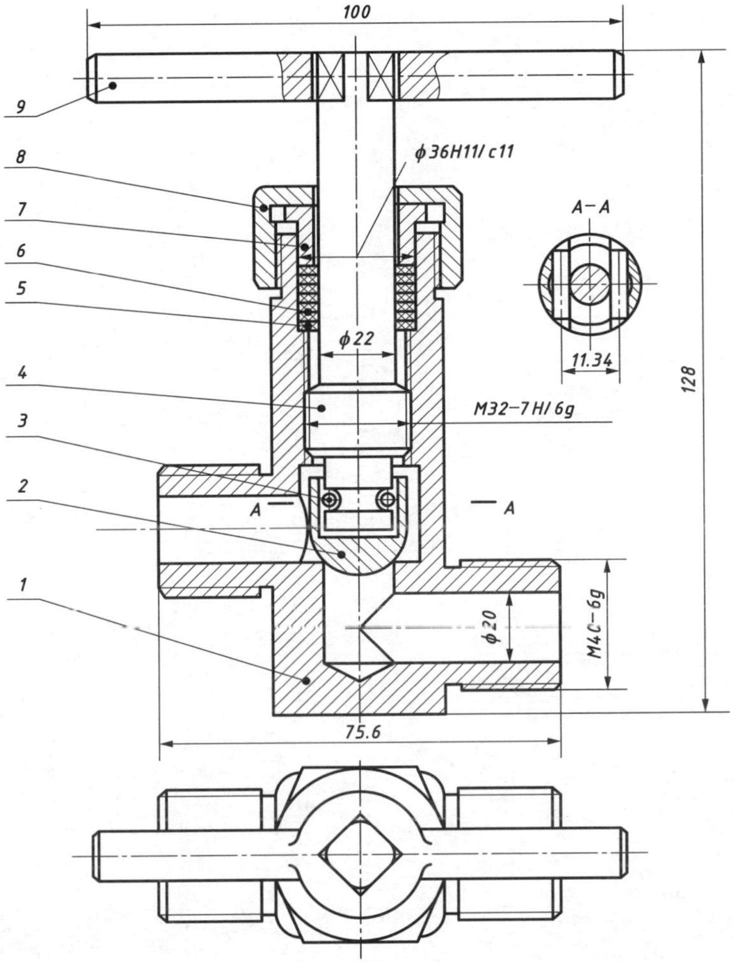

工作原理

转动手柄使轴4升降,带动活门2打开或关闭阀口。连接活门与轴的圆柱销3,处于轴的环形槽中,当拧紧阀门时,活门不会转动。

回答问题

(1) 简要说明件2活门的拆卸顺序是____。

(2) 回答配合代号ϕ36H11/c11的含义:基本尺寸是________;孔和轴的精度等级均为______________。表示出其配合为______________制______________配合。

9	手柄	1	HT200	
8	螺母	1	HT200	GB/T 76170
7	后盖	1	HT200	
6	填料	1	石棉绳	
5	垫圈	1	Q235A	GB/T 97
4	轴	1	45	
3	圆柱销	2	45	GB/T 119.1
2	活门	1	45	
1	阀体	1	HT200	
序号	名称	数量	材料	备注

阀　门		比例	共　张	(图号)
		质量	第　张	
班级	(班级)	(学号)	(学校)	
制图	(姓名)	(日期)		
审核				

7-8 读夹线器装配图。

读图要求：(1) 该装配体的名称为________,共有________个零件,其中的夹套材料为________。

(2) 尺寸ϕ35H7/f6为________配合,其中孔的精度等级为________级。

(3) 简述该装配体的工作原理：____。

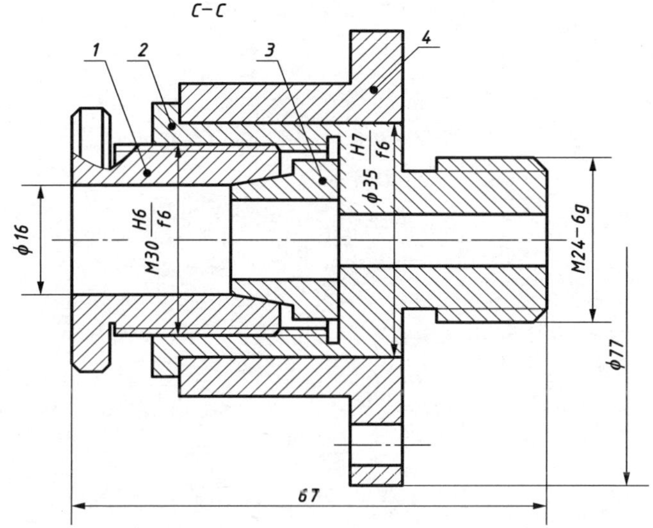

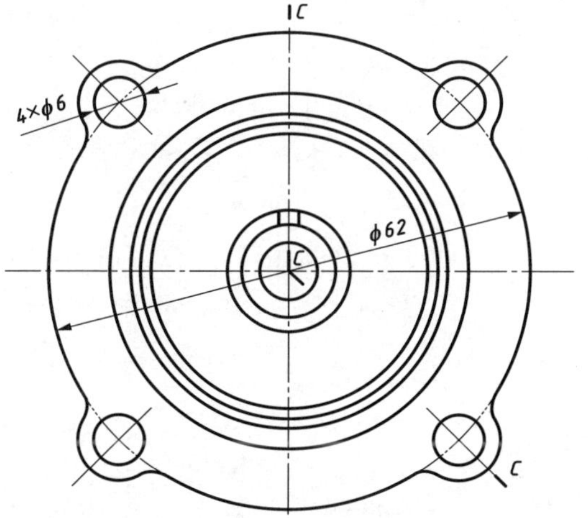

序号	代号	名称	数量	材料	件数	总计	备注
4	ZPT1, JXT004	座体	1	45			
3	ZPT1, JXT003	衬套	1	Q235A			
2	ZPT1, JXT002	夹套	1	Q235A			
1	ZPT1, JXT001	手动压套	1	Q235A			
					重量		

技术要求

安装后,件1与件3应压紧。

						（材料标记）		（单位名称）
标记	处数	分区	更改文件	签名	年月日			夹线器
设计	(签名)	(年月日)	标准化	(签名)	(年月日)	阶段标记	重量	比例
审核								（图样代号）
工艺			批准			共7张 第1张		

 班级 姓名 学号

7-9　在支座上标注焊缝符号：底板1与支撑板2之间采用手工电弧焊双面角焊缝，焊角高度*K*为8 mm。侧板3与支撑板2之间也采用手工电弧焊，四周都是角焊缝，焊角高度*K*为8 mm。

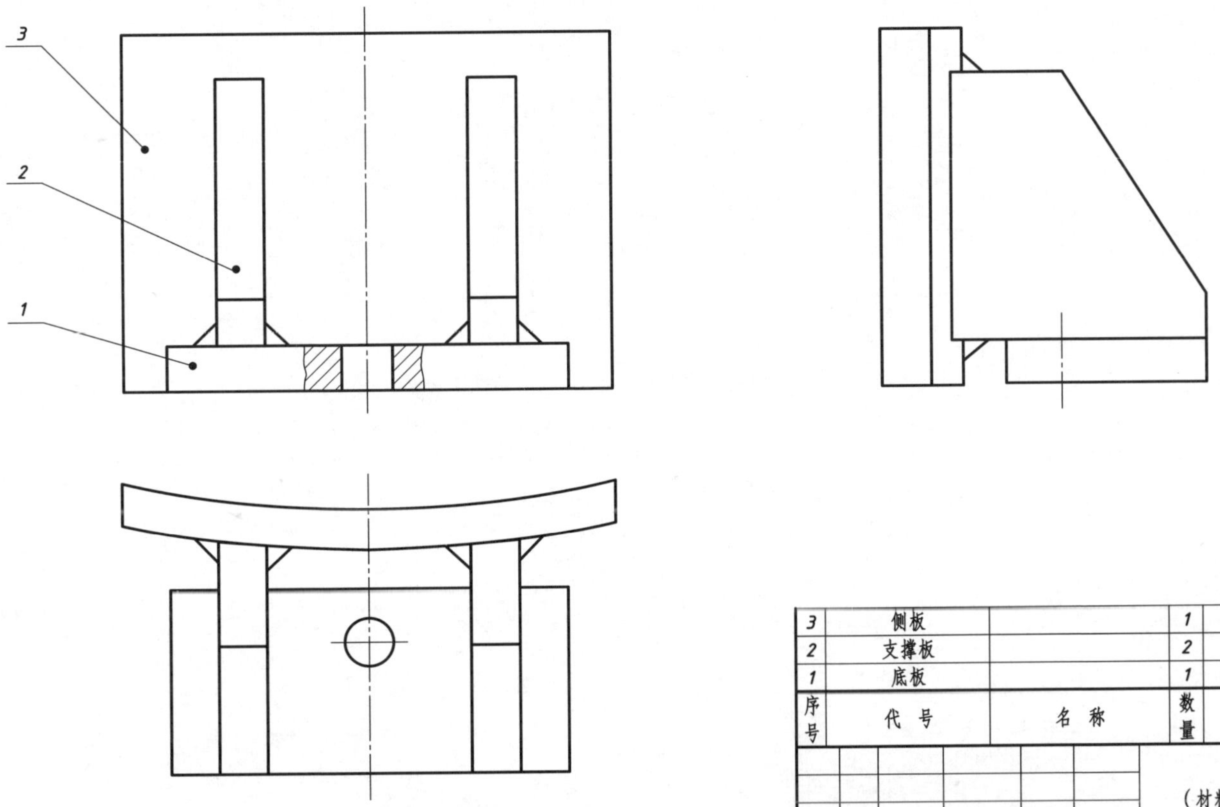

序号	代号	名称	数量	材料	件数	总计	备注
3	侧板		1	Q235			
2	支撑板		2	Q235			
1	底板		1	Q235			
					重量		

标记	处数	分区	更改文件	签名	年月日	（材料标记）	（单位名称）
设计	（签名）	（年月日）	标准化	（签名）	（年月日）	阶段标记 重量 比例	支　座
审核							（图样代号）
工艺			批准			共7张　第1张	

　班级　　姓名　　学号

7-10 看懂下列焊接图及焊缝符号的标注，并回答问题。

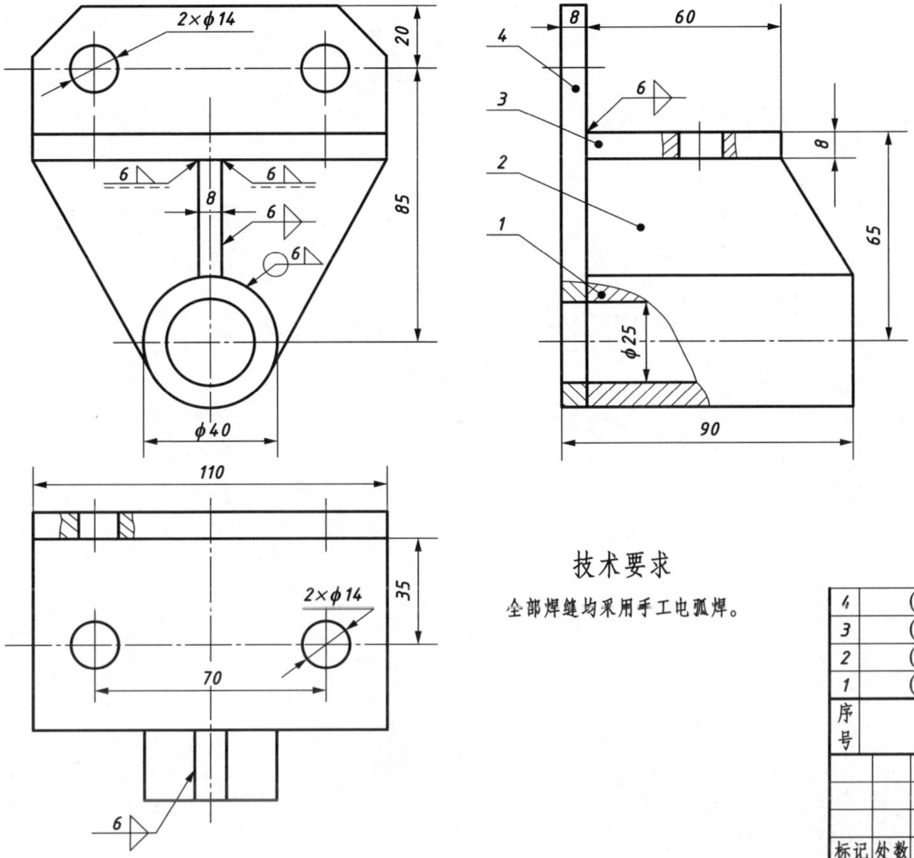

(1) 焊缝符号 6◺ 中的6表示什么？◺表示什么？

(2) 焊缝符号 6▷ 中的6表示什么？▷表示什么？

(3) 焊缝符号 ○6◺ 中的 ○ 表示什么？

序号	代号	名称	数量	材料	件数	总计	备注
4	(图号)	肋板	1	Q235A			
3	(图号)	水平底板	1	Q235A			
2	(图号)	垂直底板	1	Q235A			
1	(图号)	套筒	1	Q235A			
序号	代号	名称	数量	材料	重量		备注

标记	处数	分区	更改文件	签名	年月日	(材料标记)	(单位名称)
设计	(签名)	(年月日)	标准化	(签名)	(年月日)	阶段标记 重量 比例	托 架
审核							
工艺			批准			共7张 第1张	(图样代号)

8-1　填空。

(1) 建筑工程图上标注的尺寸,除标高和总平面图以________为单位外,其他一律以________为单位。

(2) 在建筑图中钢筋混凝土的建筑材料图例是____________________________________。

(3) 说明下面索引符号和详图代表的意义:

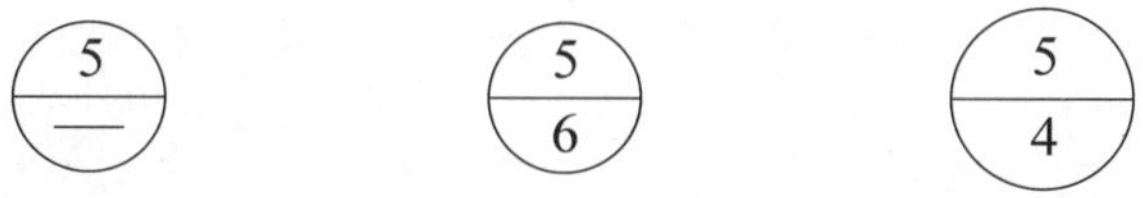

①　　②　　③

(4) 在建筑施工图中,定位轴线应采用____________线型绘制,其编号方式是:______________________。

(5) 一套房屋施工图按其内容与作用的不同,可分为________施工图、________施工图、________施工图等几类。施工图设计的任务是:______________________________。

(6) 建筑总平面图用以表明______________,它提供了________________________。

(7) 在风向频率玫瑰图中,实线表示______________,虚线表示______________。

(8) 在平面图中,横向定位轴线,自____________依次用____________来表示,纵向定位轴线,自____________依次用__________来表示。轴线端部的小圆直径为____________mm。

(9) 建筑总平面图中,表示原有建筑物要用__________线画。

(10) 建筑平面图(屋顶平面图除外)是假想用________________剖切平面,在建筑物________________的位置,把整幢房屋剖开,移去剖切平面上面部分后,向______________投影面所作的正投影图,它主要表示____________。

(11) 设计一幢五层的房屋,一般应该画出____________张平面图(包括屋顶平面图)。如果其二、三、四层平面图布置完全相同,则可共用同一个平面图,这张图通常叫作____________平面。

8-2 画出下列图例。

(1) 毛石

(2) 夯实土壤

(3) 混凝土

(4) 普通砖

(5) 木材

(6) 坡璃

(7) 砂、灰土

(8) 木材

8-3 写出建(构)筑物和配件名称。

(1)

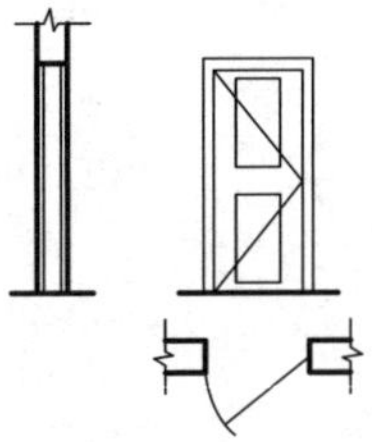

(2)

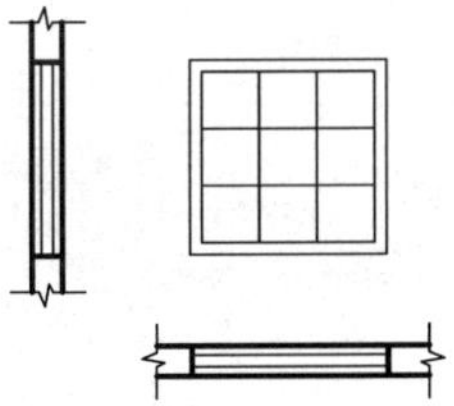

(3)

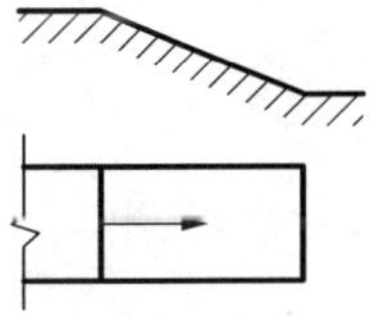

(4)

(5)

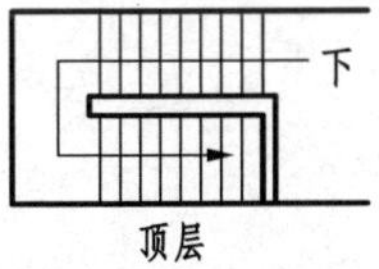

班级 姓名 学号

8-4 标注标高练习。

在立面图中,标注出各部分的标高,具体标高值见下表:

名称	屋檐底面	雨篷底面	门洞顶面	勒脚	左侧窗洞顶面	左侧窗台面	右侧窗洞顶面	右侧窗台面
标高/m	3.600	2.400	2.100	0.130	2.400	0.900	3.000	2.100

班级 姓名 学号

8-5　在下图的右侧，用铅笔抄画下图。图中指引线表明了各处图线的线宽要求(括号内为允许使用)，粗实线线宽b=0.7(指引线不画)。要求图面整洁，符合制图国家标准和各项行业规定。

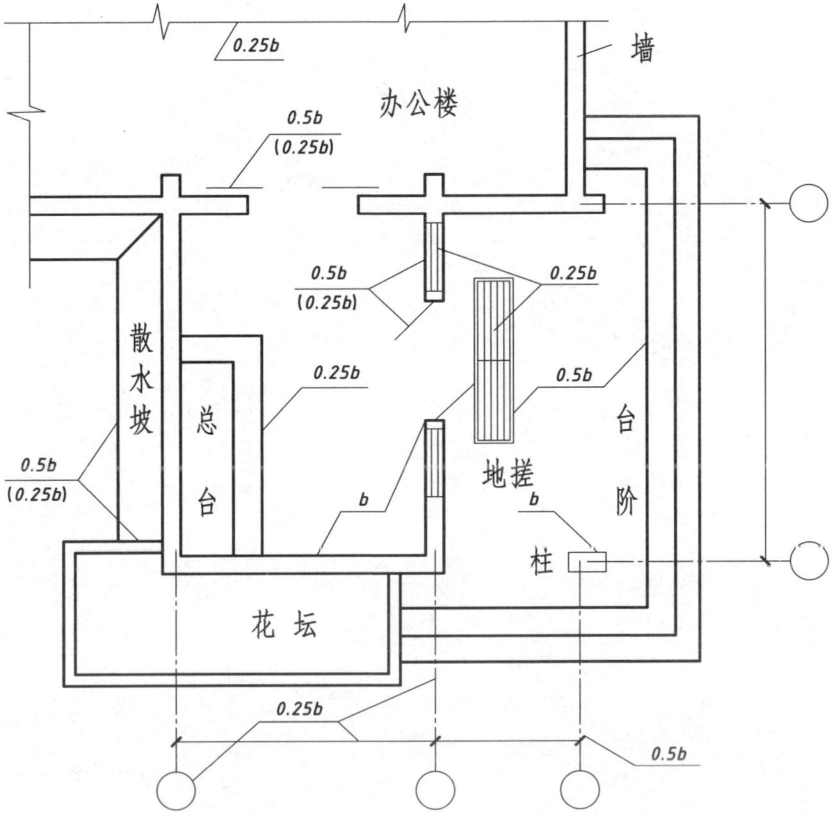

　班级　　姓名　　学号

8-6 根据图例读总平面图。

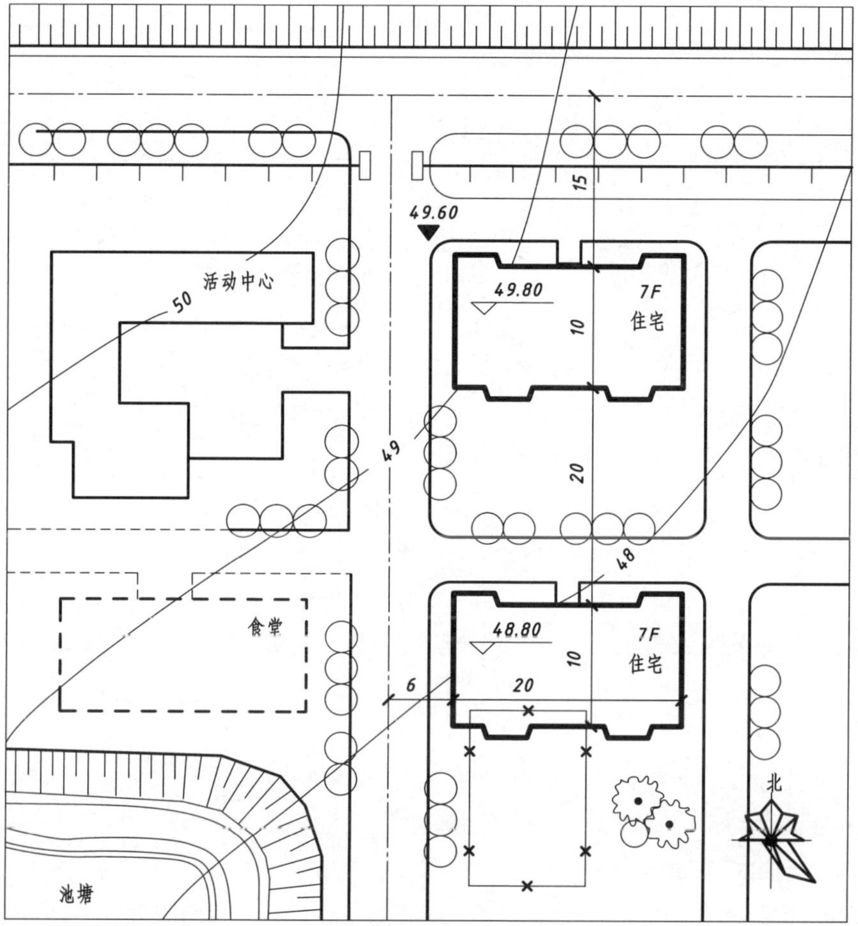

总平面图1:1000

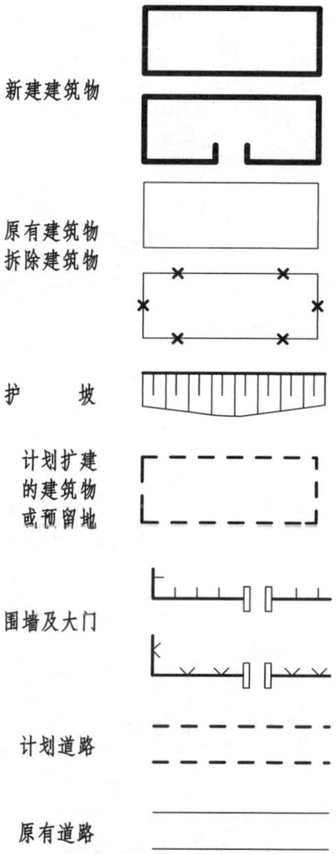

 班级 姓名 学号

8-7 读厂房建筑图，并采用适当图幅及比例抄画该图。

①-③ 立面图

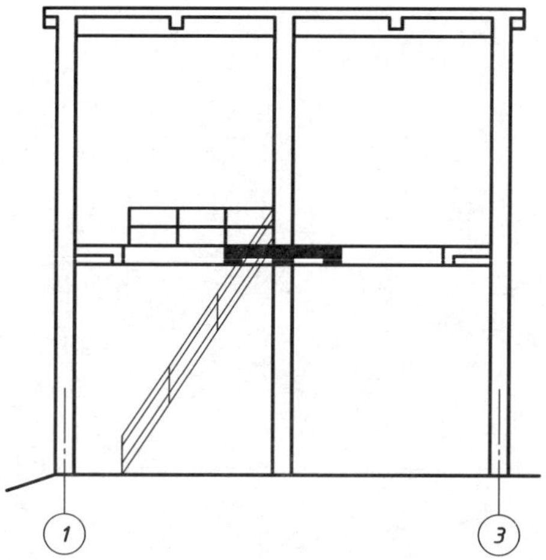

1-1剖面图

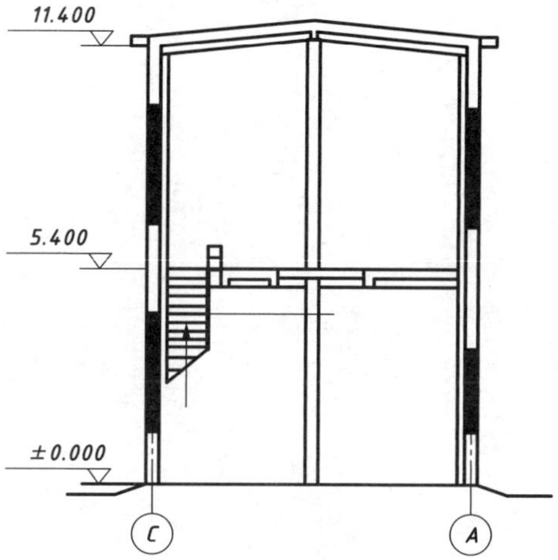

2-2剖面图

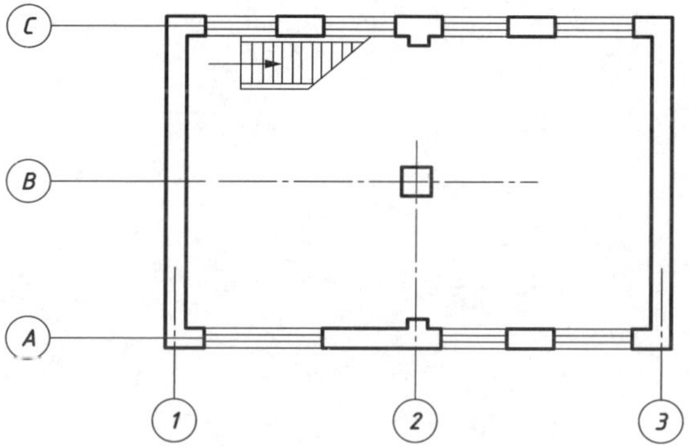

一层平面图

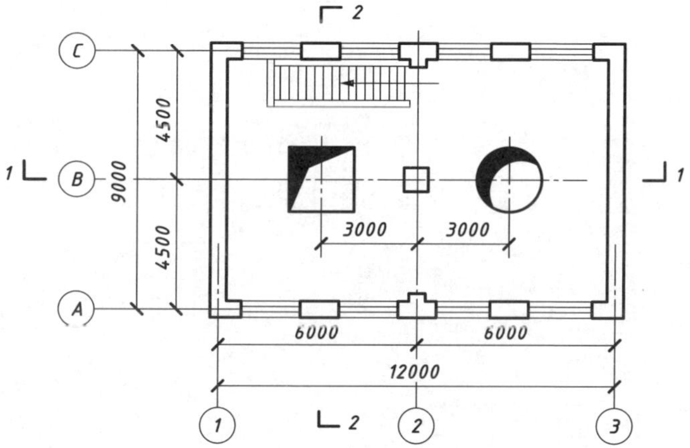

二层平面图

8-8 抄画房屋建筑图。

(1)

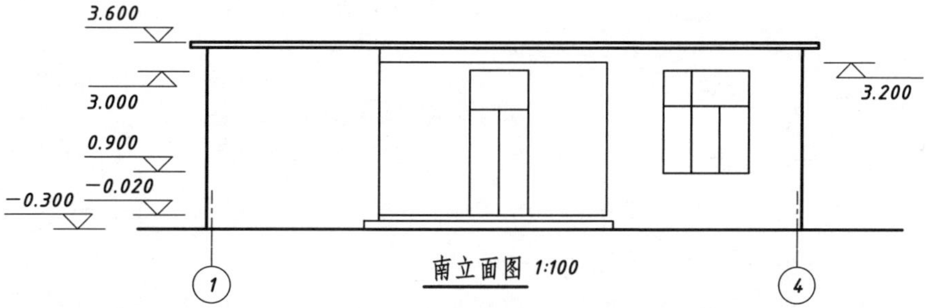

南立面图 1:100

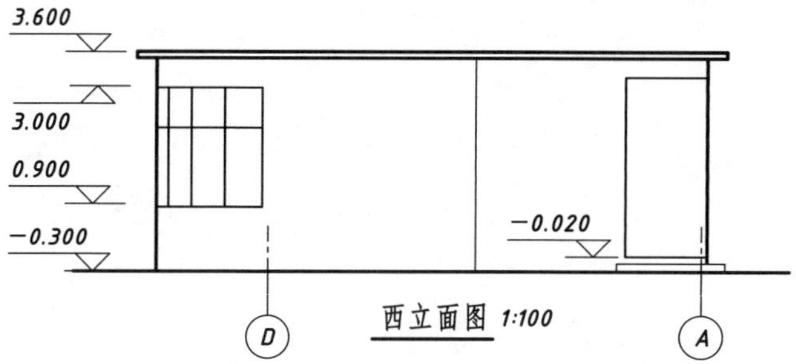

西立面图 1:100

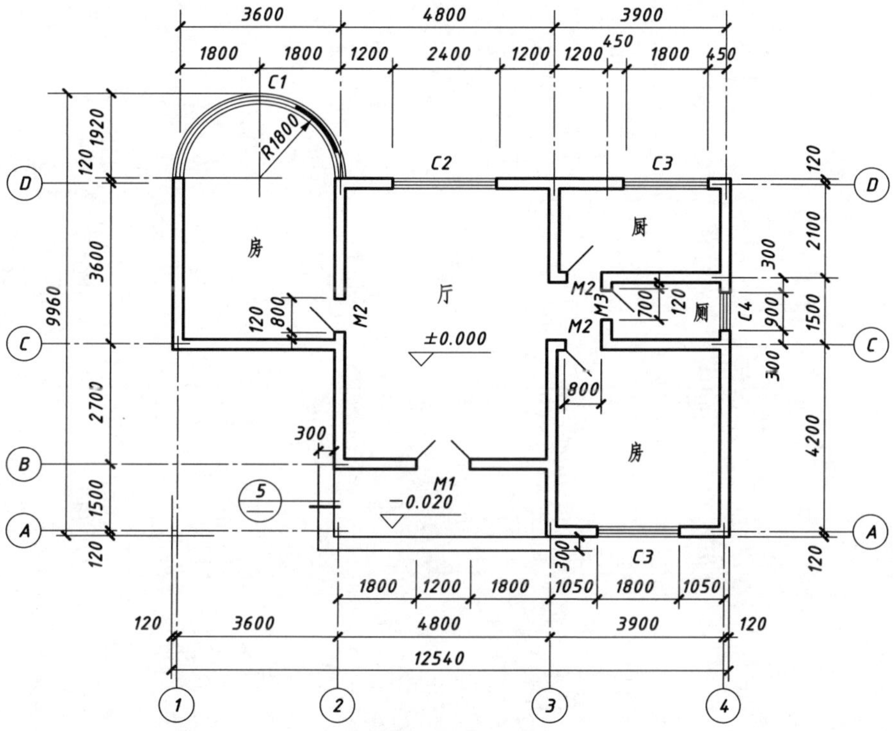

首层平面图 1:100

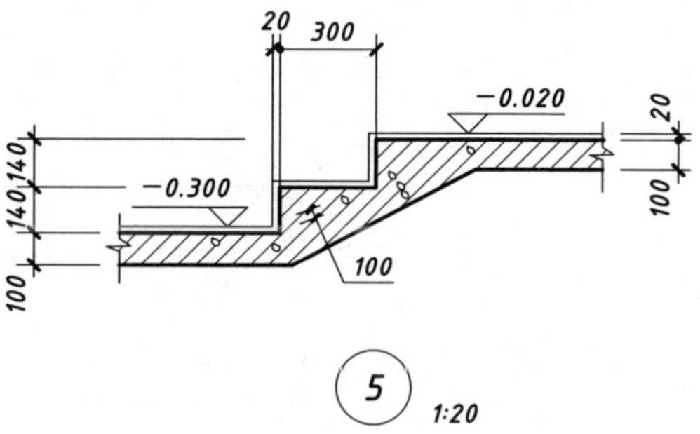

说明：

1. 屋面板厚100 mm。
2. 屋面板伸出外墙300 mm。
3. 墙厚均为240 mm。

(2)

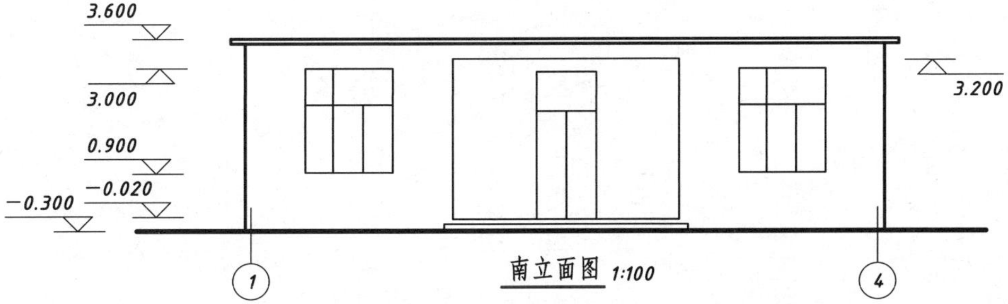

南立面图 1:100

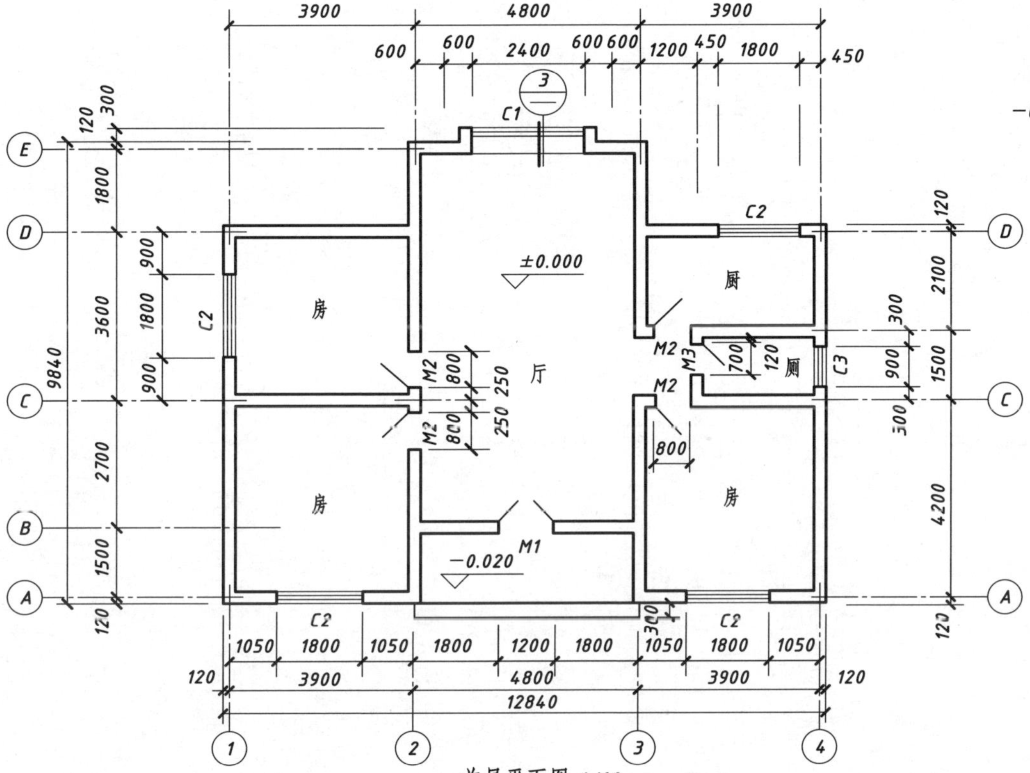

首层平面图 1:100

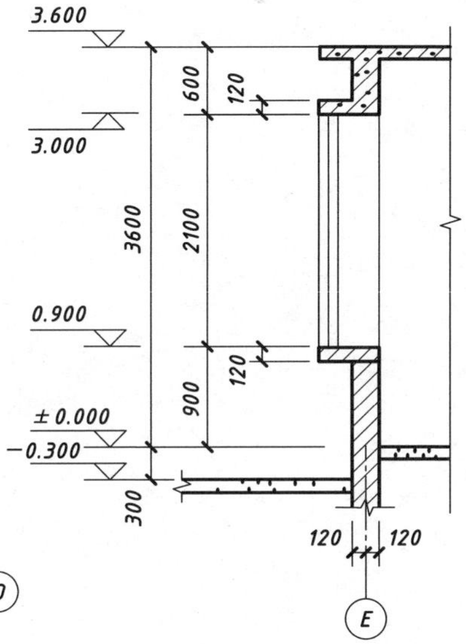

3 1:50

说明：

1. 屋面板厚100 mm。
2. 屋面板伸出外墙300 mm。
3. 墙厚均为240 mm。

 班级 姓名 学号

8-9　抄画结构布置平面图,并读懂结构的标注代号。

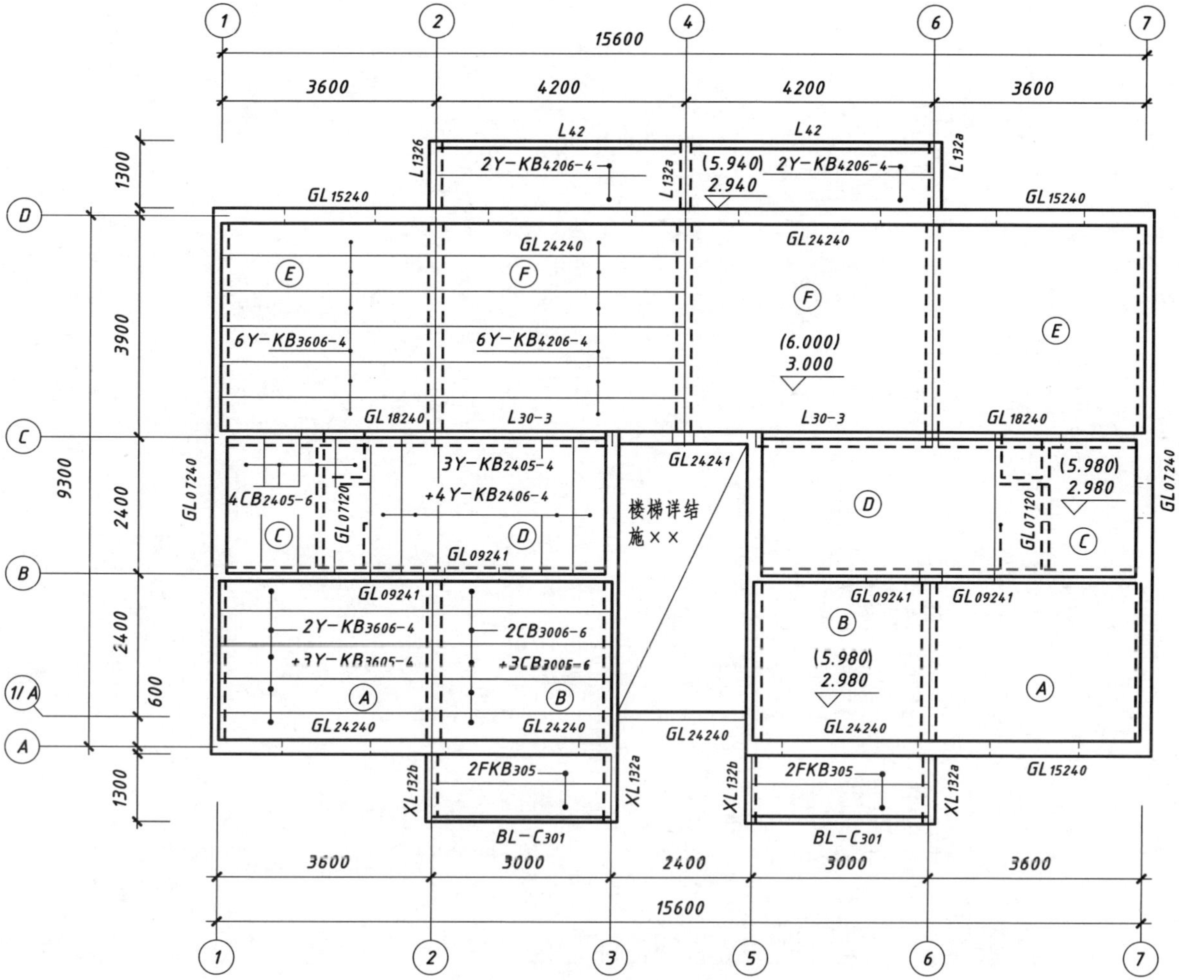

楼层结构布置平面图　1:100

　　班级　　　姓名　　　学号

8-10 抄画下面供暖工程图。

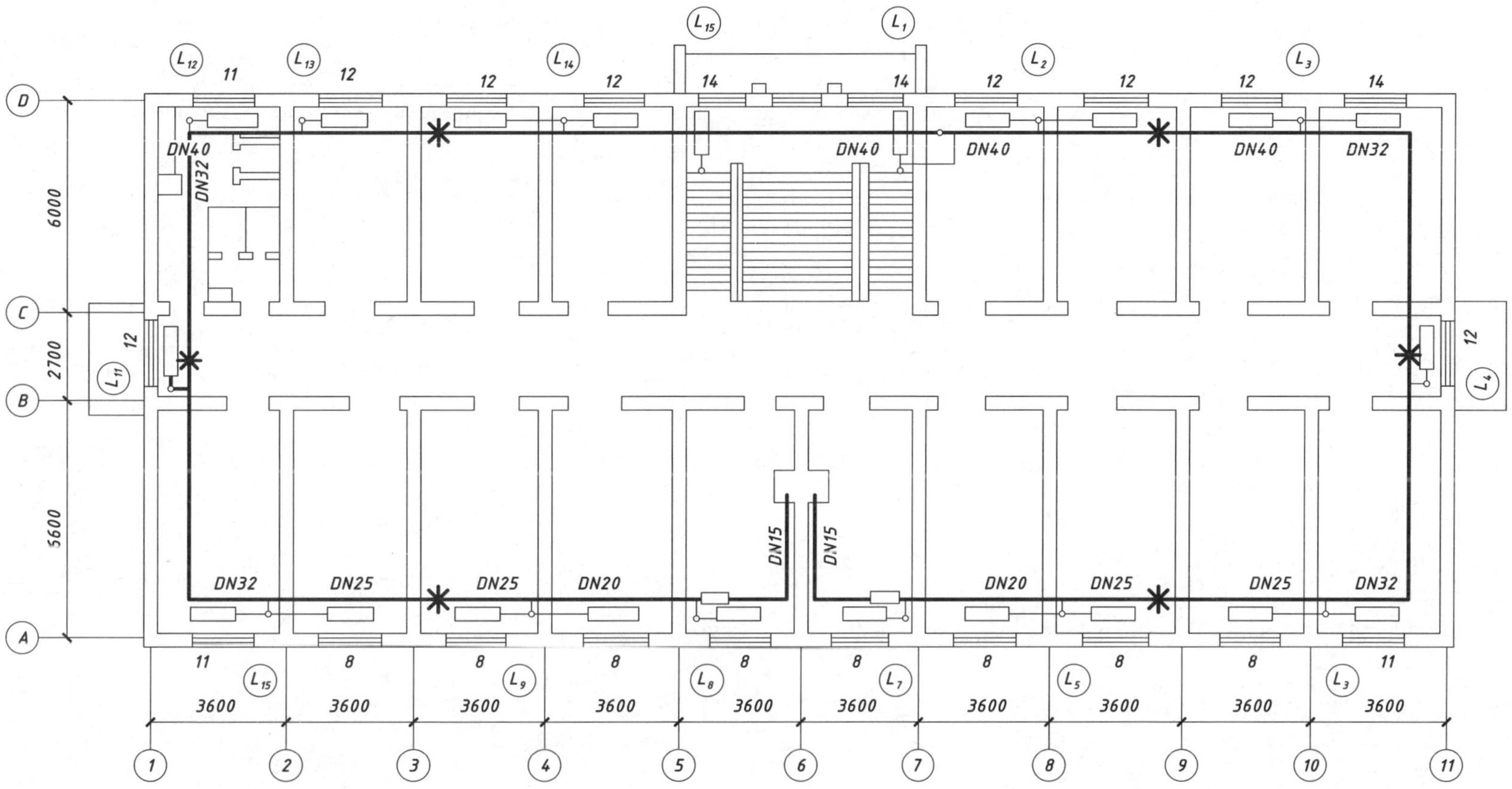

供暖二层平面图

 班级 姓名 学号

8-11　读懂通风工程施工图,并抄画。

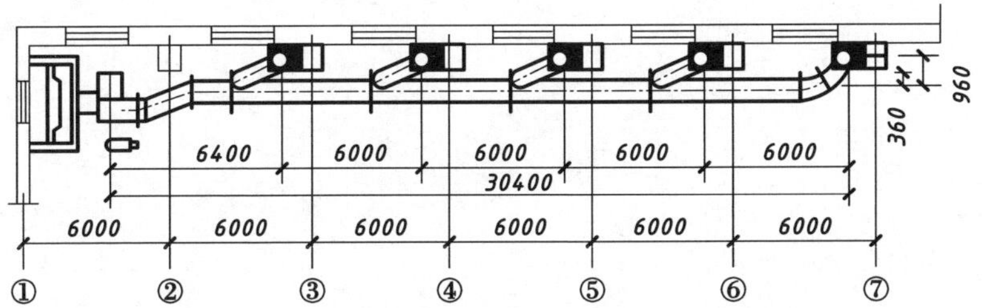

(1) 系统平面图

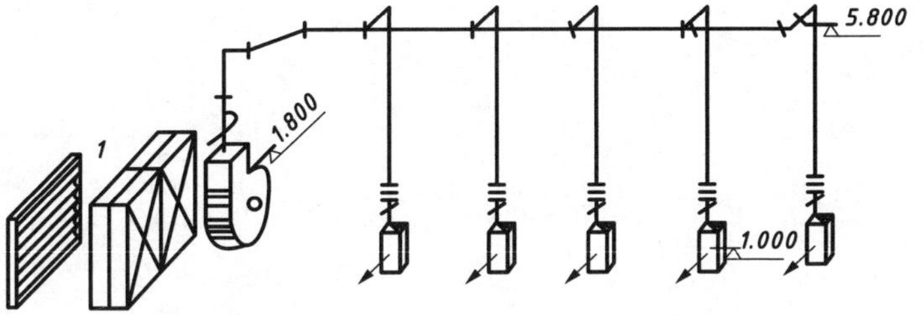

(2) 系统轴测图

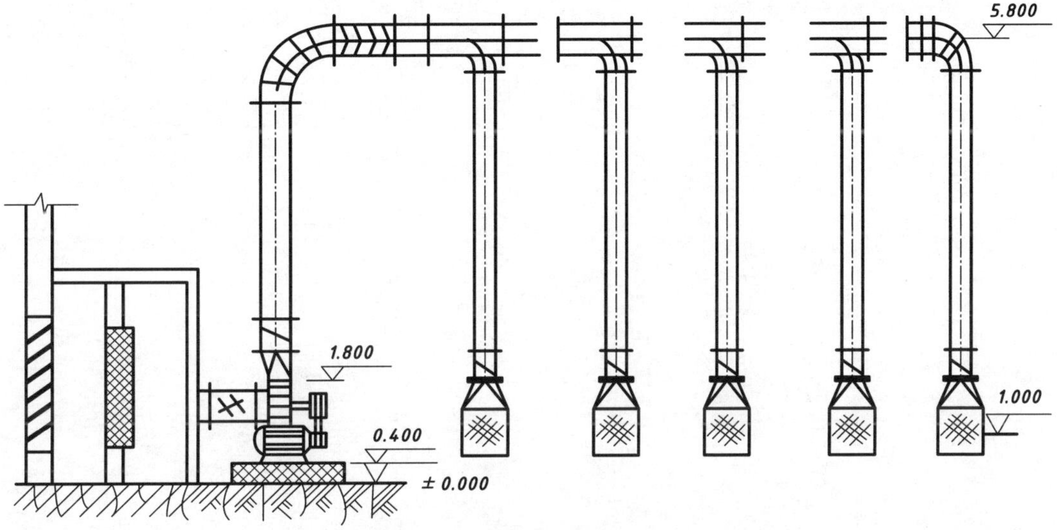

(3) 系统剖面图

　班级　　姓名　　学号

9-1　以2:1比例,用A3图纸绘制下列框图(允许变换其形式)。

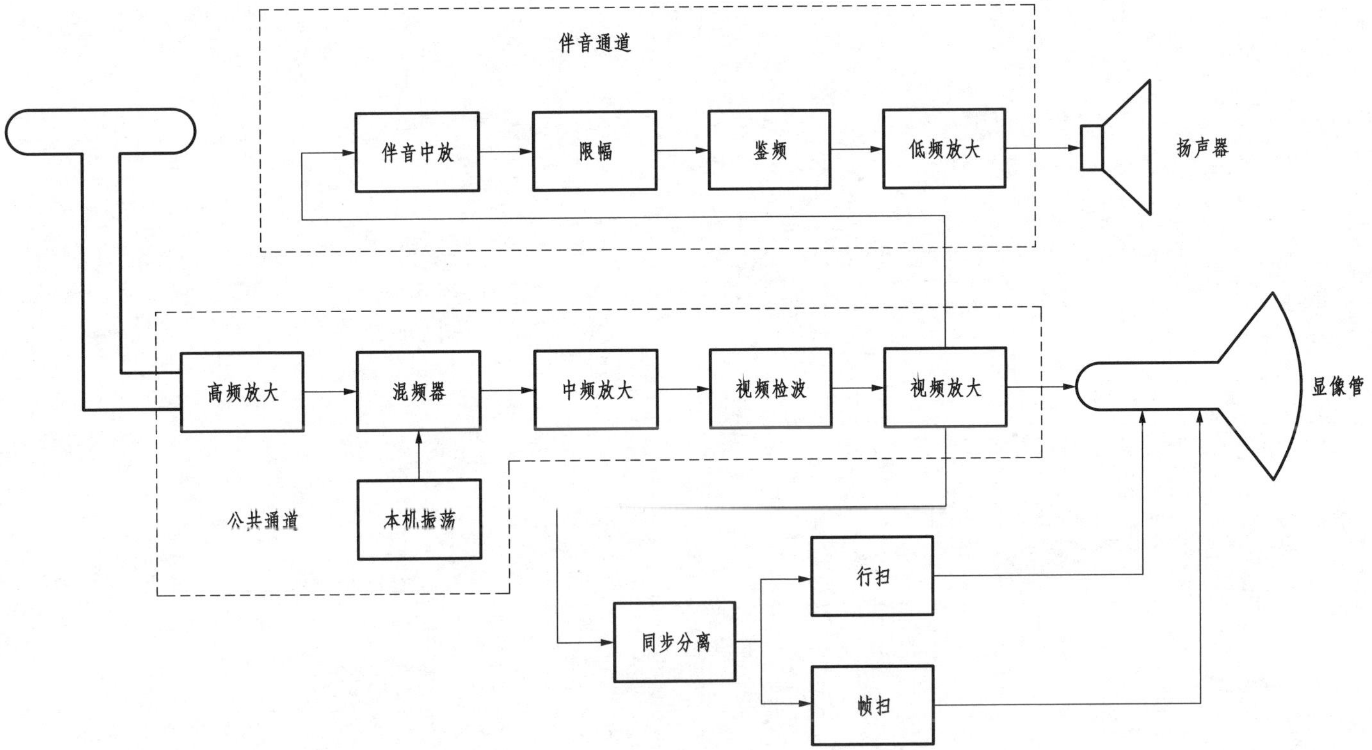

电视接收机框图

9-2　绘制电路原理图。

(1) 在图下方按1∶1比例绘制石英晶体振荡器电原理图(指出标注错误的地方并正确标注各元器件)。

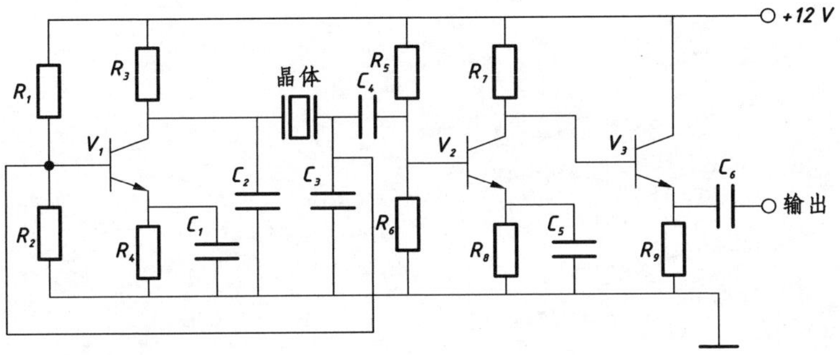

(2) 在图下方按1∶1比例绘制单脉冲触发器电原理图。

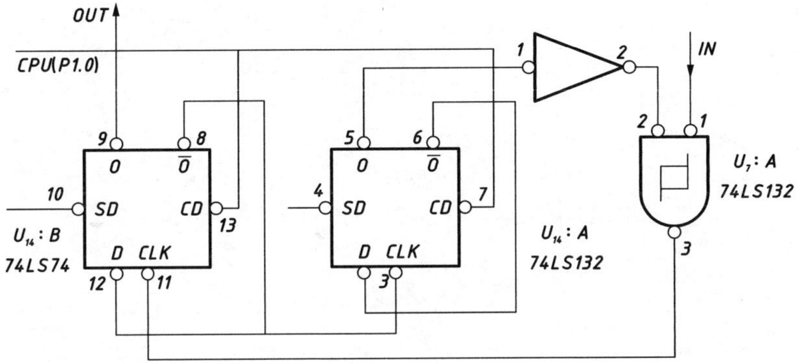

　班级　　姓名　　学号

9-3 在图的下方用1:1比例绘制硬件原理结构图。

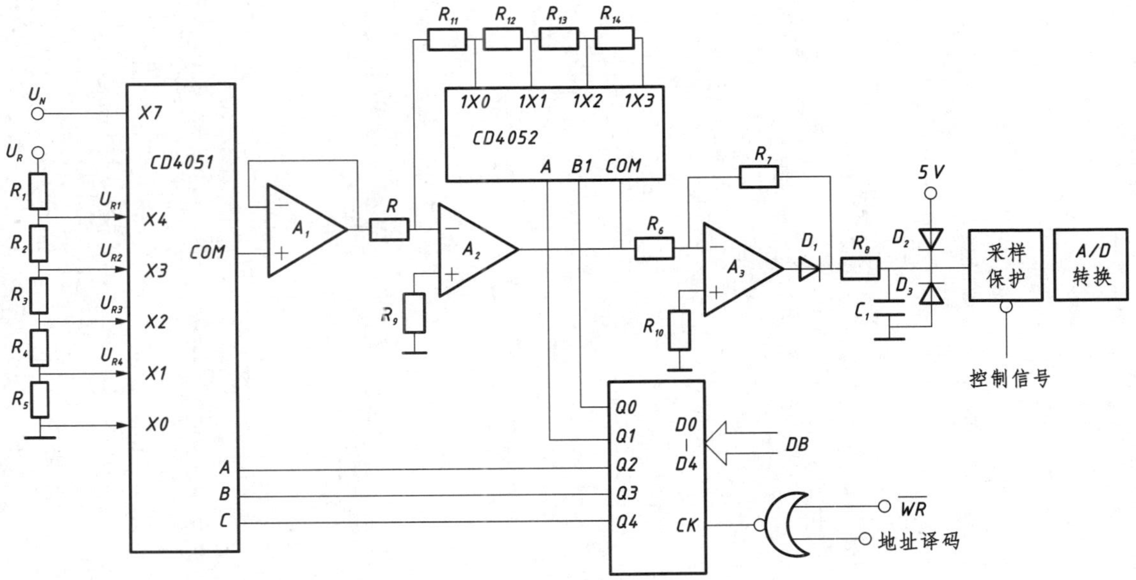

10-1　读下页的化工设备图,回答下列问题。

(1) 该设备的名称是________,其用途是使两种不同温度的物料进行________交换,绘图比例______。换热器由_____种零部件组成,其中有_______种标准件。该换热器的主体结构由圆柱形筒体和椭圆形封头通过________连接构成。换热器共有_______个接管,其内部有_______根换热管,并有_______个折流板。

(2) 换热器管程内的介质是_______,工作压力为_______MPa,工作温度为_________℃;壳程内介质是________,工作压力为_______MPa,工作温度为_______℃。

(3) 该装配图采用了_______个主视图、_______个剖视图、_______个局部放大图以及_______个设备整体示意图。

(4) 装配图中主视图采用_______表达换热器的主要结构、各个管口和零部件在轴线方向上的位置和装配情况;主视图还采用了_______画法,省略了中间重复结构,简化了作图;换热器管束采用了_______画法,仅画一根,其余用_______表示。

(5) _______剖视图表示了各管口的周向方位和换热管的排列方式,______剖视图补充表达了鞍座的结构形状和安装等有关尺寸。

(6) 局部放大图Ⅰ、Ⅱ表达_____与有关零件之间的装配连接情况。示意图用来表达_____在设备轴线方向的排列情况。

(7) 该设备筒体与管板、封头与容器法兰、接管与壳体、补强圈与筒体的连接都采用_____________连接。封头与管板采用_______连接,法兰与管板间由_______形成密封,防止泄漏,换热管与管板的连接采用_______。

(8) 拉杆左端螺纹旋入管板,拉杆上套上_______用以确定折流板之间的距离。____________等装配位置的尺寸见折流板排列示意图。管口的轴向位置与周向方位可由_______视图和_______剖视图读出。

(9) 设备工作时,冷却水自接管_______进入换热管,由接管_______流出;温度高的物料从接管_______进入壳体、经折流板转折流动,与管程内的___________进行热量交换后,由接管_______流出。

(10) 该设备按__________________________等进行制造、试验和验收,并对焊接方法、焊接形式、质量检验提出了要求,制造完成后除进行___________试验外,还需进行___________试验。

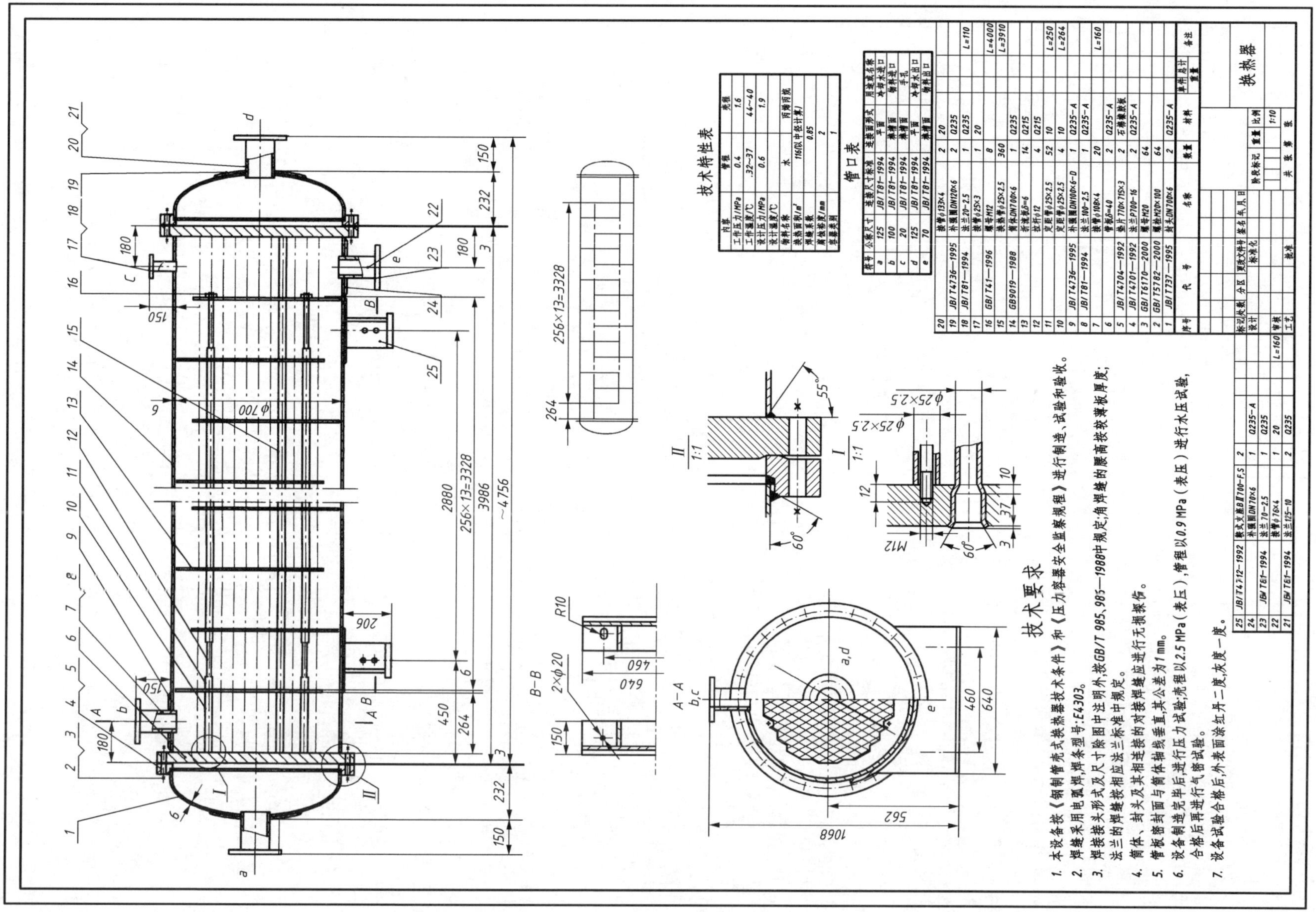
换热器
技术要求
1. 本设备按《钢制管壳式换热器技术条件》和《压力容器安全监察规程》进行制造、试验和验收。
2. 焊缝采用电弧焊,焊条型号:E4303。
3. 焊接接头形式及尺寸除图中注明外,按GB/T 985,985—1988中规定,角焊缝的腰高按较薄板厚度;法兰的焊缝按相应法兰标准中规定。
4. 筒体、封头及其相连接的对接焊缝应进行无损探伤。
5. 管板密封面与筒体轴线垂直,其公差为1mm。
6. 设备制造完毕后进行压力试验,壳程以2.5 MPa(表压),管程以0.9 MPa(表压)进行水压试验,合格后再进行气密试验。
7. 设备试验合格后,外表面涂红丹一度,灰漆一度。

10-2　读下页的工艺流程图,回答下列问题。

(1) 该岗位共有______台设备,其中______台为动设备,其他静设备分别是________________________________。

(2) 来自空压机的压缩空气沿管道______经测______点______进入________________________________进行冷却。

(3) 冷却后的压缩空气经测______点__________沿管道__________进入__________。

(4) 从气液分离器出来的空气沿管道__________进入__________,干燥后的空气分两路,沿管道______________各经一个__________阀和一个__________阀,再经测__________点和大小头进入__________。

(5) 除尘后的空气沿管道__________经__________阀和__________点进入储气罐,然后沿管道__________和____________送出。

(6) IA0604-32×2管道的作用是____。

(7) 冷却水沿管道RW0601-32和RW0601-25经__________阀进入__________,热交换后沿管道__________排入地沟。

(8) 正常工作时,三台压缩机中有__________台工作、______________台备用,每台压缩机出口的IA0601-25管道上均接有__________阀和__________阀,其作用是________________________________。

(9) 该岗位共用到截止阀__________个、止回阀__________个、测压点__________个、测温点__________个。

(10) 管道代号RW0601-32×3中,“RW”为__________代号,“06”为__________,“01”为__________,“32×3”表示________________________。

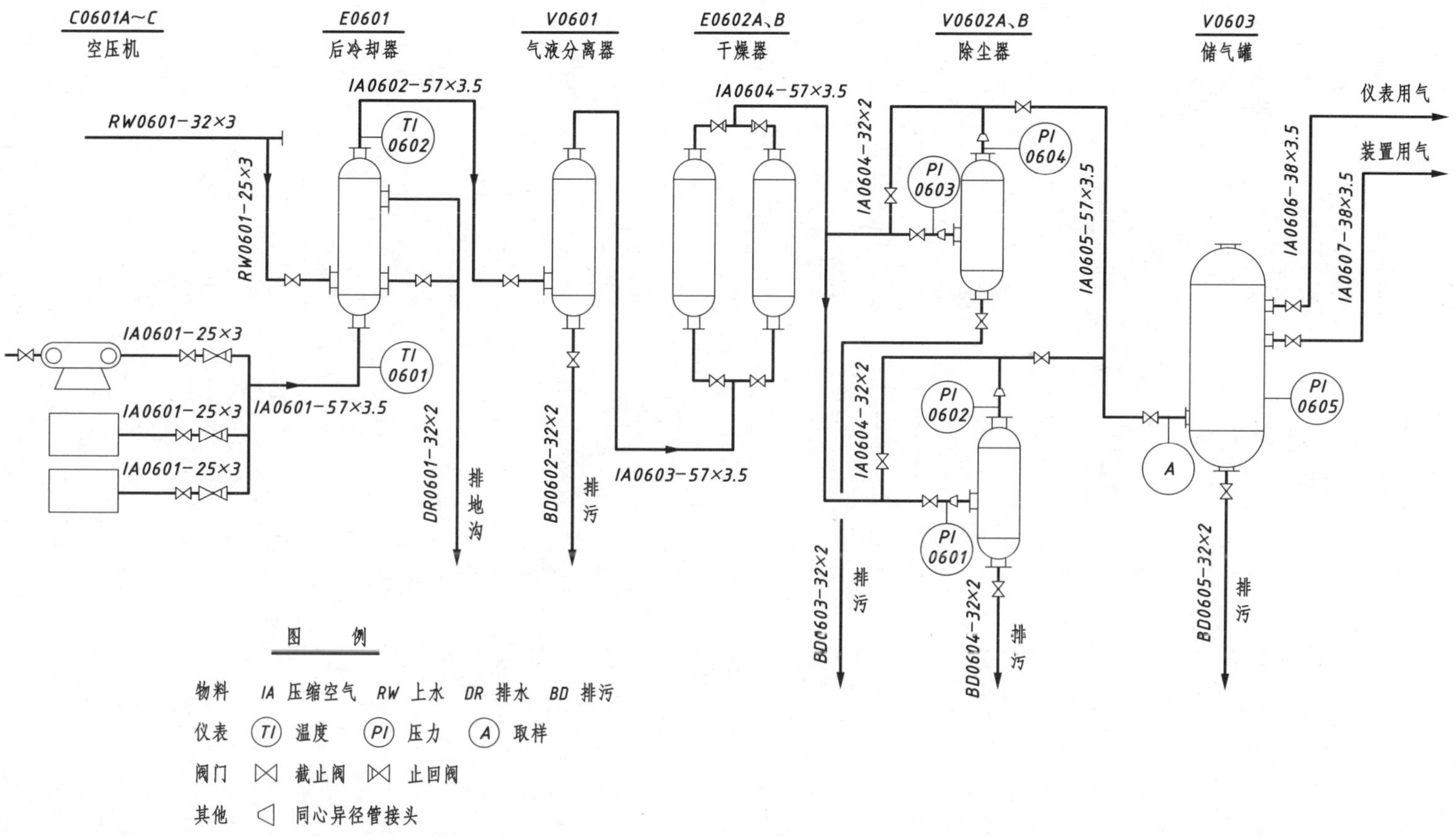

（学校、班级）			空压站 带控制点工艺流程图	（图号）
制图		（日期）		（比例）
审核		（日期）	共　张　第　张	（学号）

10-3 读下页的设备布置图,回答下列问题。

(1) 空压站设备布置图包括________图和________图。

(2) 从平面图可知,储气罐位于室外,距①墙__________mm,在________墙以________750 mm,三台空压机之间的间距为________mm,两台除尘器相距________mm,厂房的南北跨度为________mm,东西跨度为________mm,共有________扇窗,大门朝________,向________打开。

(3) 从1-1剖面图可知,空压机布置在标高为________m的楼面上,气液分离器布置在标高为______m的楼面上,除尘器顶部管口的标高为________m,干燥器顶部连接管的标高为________m,厂房顶部的标高为________m。

 班级 姓名 学号

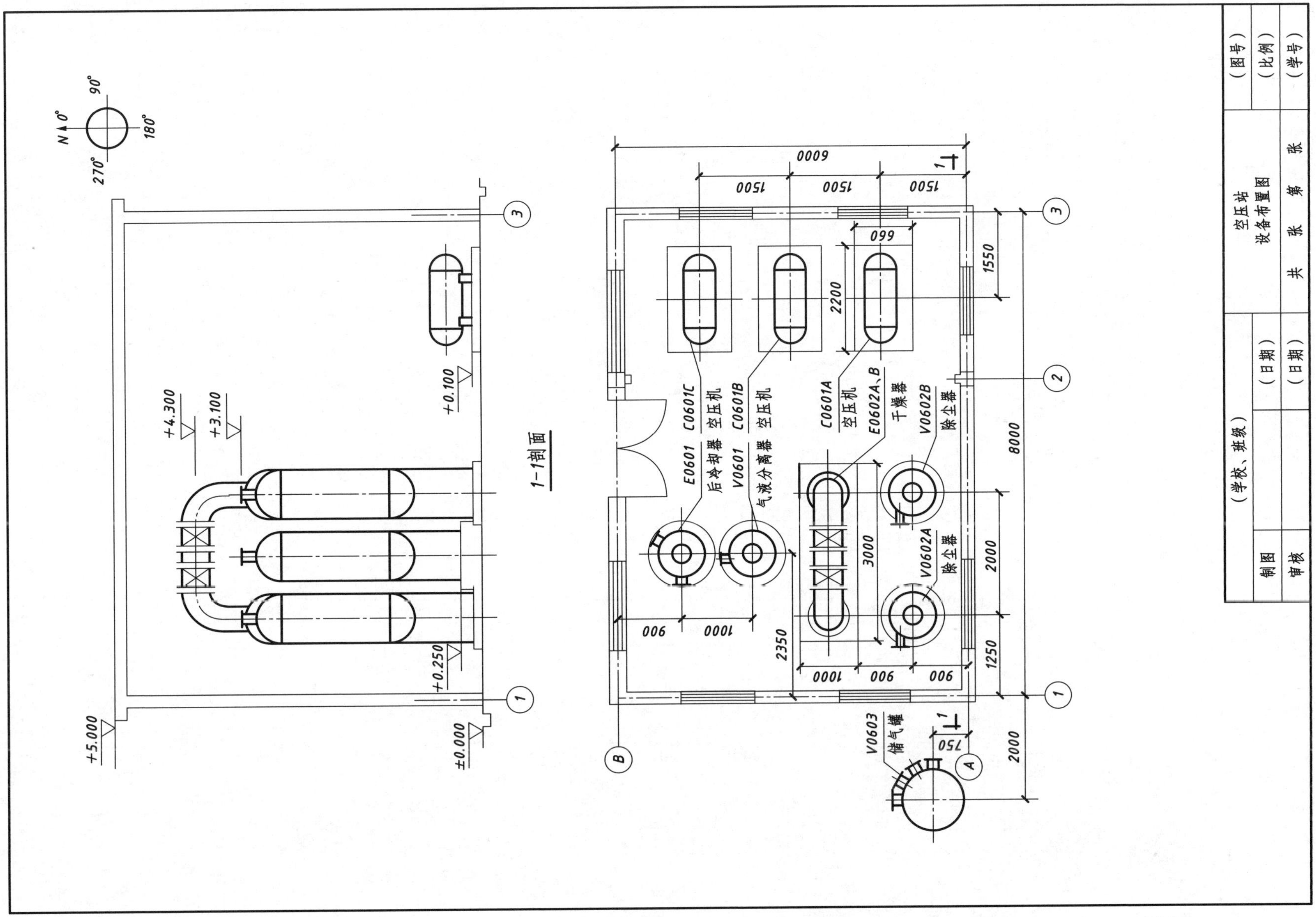
1-1剖面
E0601 后冷却器
C0601C 空压机
V0601 气液分离器
C0601B 空压机
C0601A 空压机
E0602A、B 干燥器
V0602B 除尘器
V0602A 除尘器
V0603 储气罐
空压站
设备布置图
共 张 第 张
（图号）
（比例）
（学号）
（学校、班级）
制图 （日期）
审核 （日期）

 班级 姓名 学号

10-4 读下页的管道布置图,回答下列问题。

(1) 该图为____________管路布置图,包括两台位号分别为________和________的除尘器设备及有关管道。

(2) 来自E0602干燥器的压缩空气沿管道__________,在标高__________m处向南、向东,然后分为两路,一路继续向东通向______________,另一路向下,在标高__________m处又分为两路,一路向南、向____________、向____________,沿管道IA0604-32与除尘器出口管道相连,在标高__________m处装有阀门;另一路继续向下,经标高__________m处的阀门后再向东,经测__________点和大小头在标高__________m处进入除尘器。

(3) 除尘器顶部出口的管道向上、向__________、向__________,在标高__________m处向南,经管道______________通向__________。

(4) 除尘器底部出口的排污管道向下、在标高__________m处向南,然后向下到排沟,该管道编号为__________,在管道上装有操作件向__________的阀门。

(5) 该部分管路上共有阀门__________个,除排污管道上的阀门外,其余阀门的操作件均向__________。

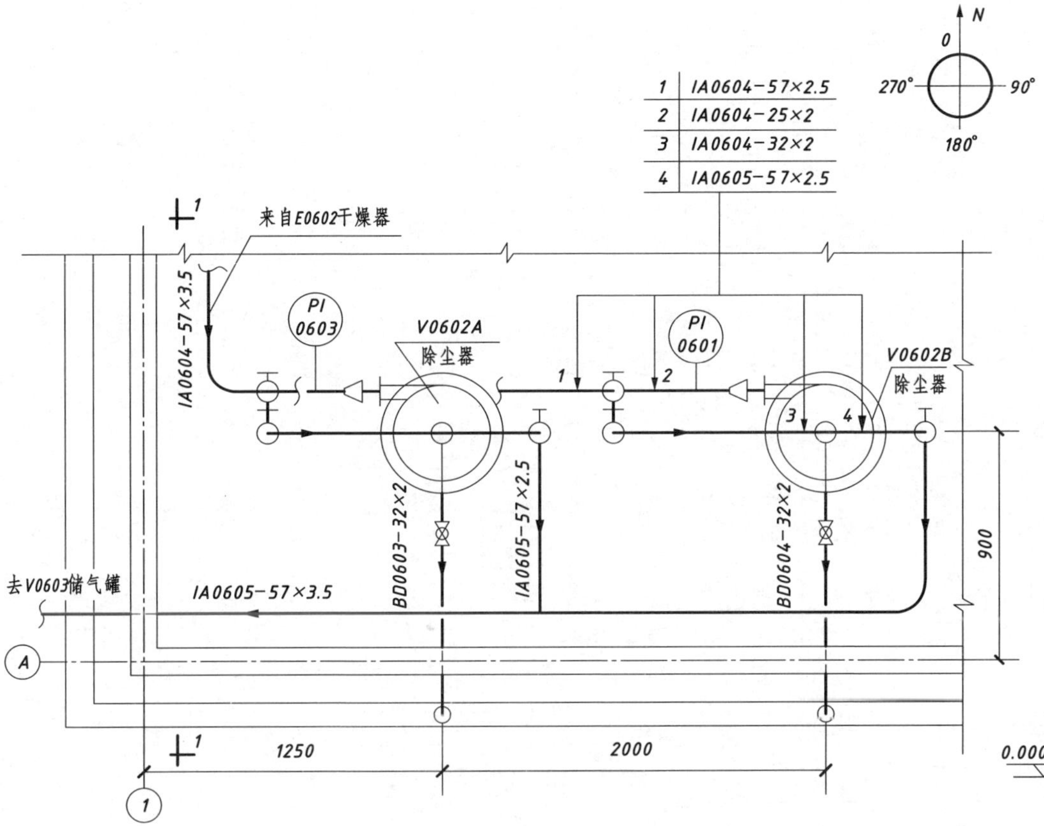

平面图

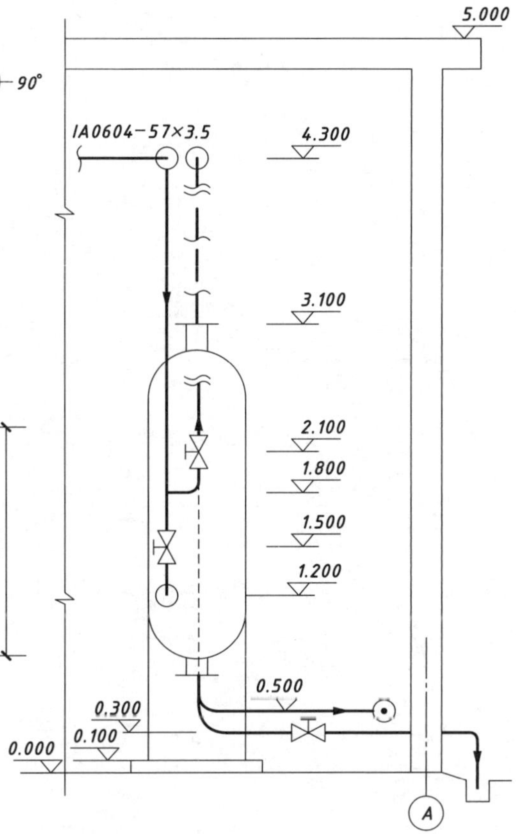

1-1剖面

(学校、班级)			空压站管道布置图 (除尘器部分)	(图号)
制图		(日期)		(比例)
审核		(日期)	共 张 第 张	(学号)

10-5　已知管路的平面图和正立面图，画出其左、右立面图。

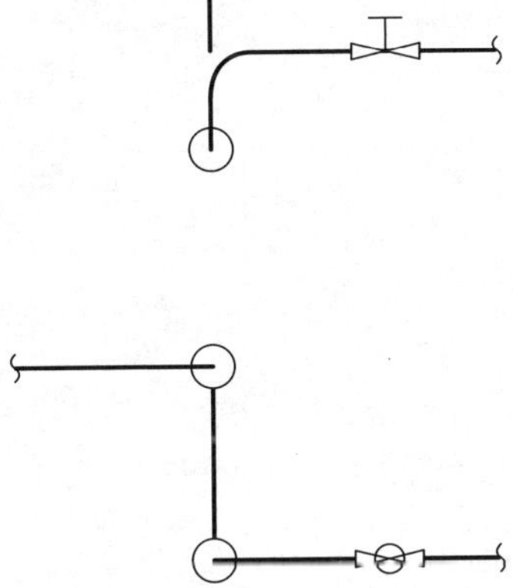

10-6　已知管路的正立面图,画出其平面图和左、右立面图(宽度尺寸自定)。

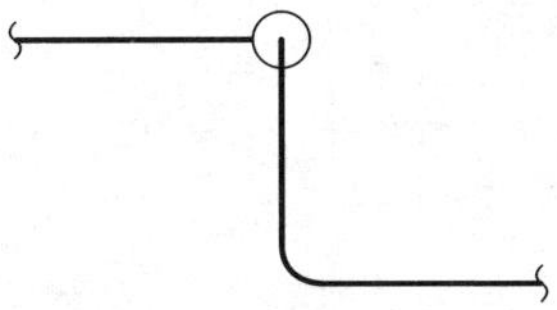

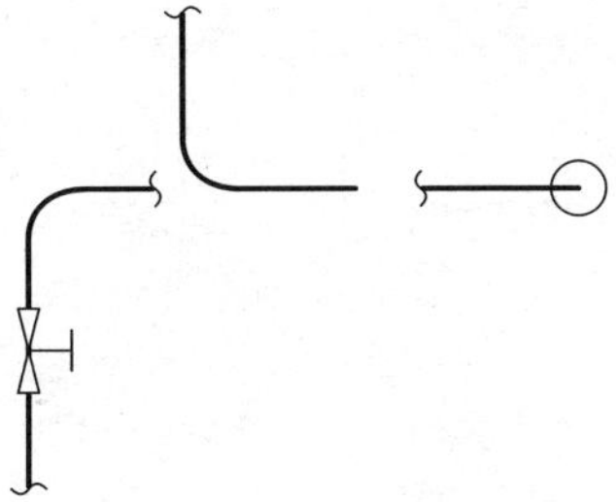

10-7 根据管路的轴测图,画出其平面图和立面图(一)。

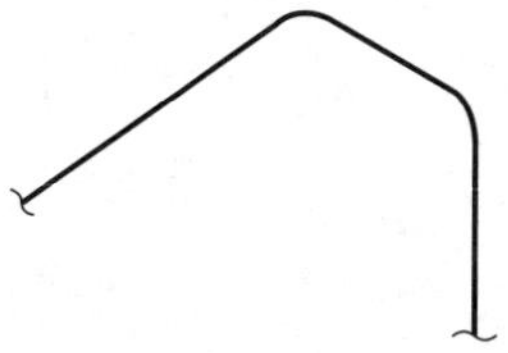

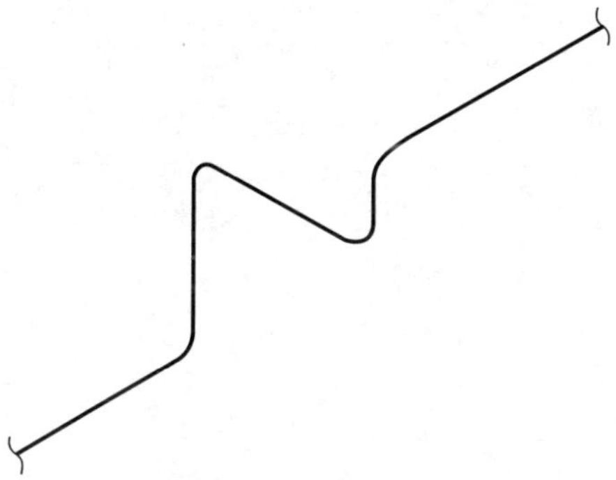

班级　　　　姓名　　　　学号

10-8　根据管路的轴测图,画出其平面图和立面图(二)。

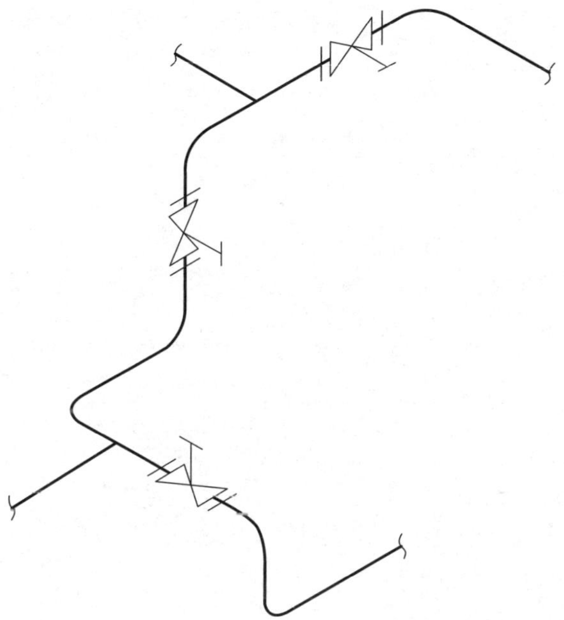

　班级　　姓名　　学号

10-9　根据管路的平面图和立面图，画出其轴测图。

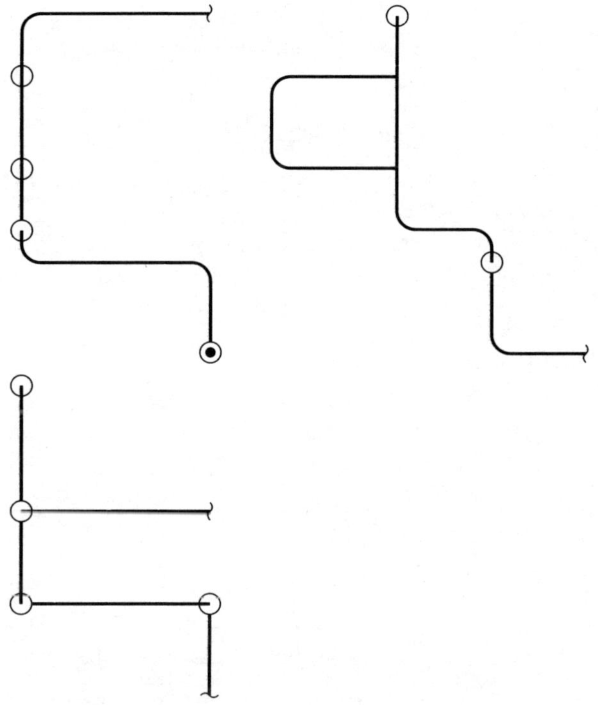